水电行业双重预防机制建设与实践

国网甘肃刘家峡水电厂◎组编

中国电力出版社
CHINA ELECTRIC POWER PRESS

内容提要

本书深度解读了双重预防机制的政策与要求，详细阐述了水电行业双重预防机制的建设方法，包括作业及专项风险的分级管控策略，以及事故隐患排查治理的实施流程和方法。借助某水电站的良好实践，生动展现了双重预防机制如何在水电企业中的有效推行、落地与实施。

本书不仅为水电行业提供了双重预防机制建设的理论指导，还结合实例，生动地揭示了双重预防机制在水电企业的实际应用，为水电行业建设双重预防机制提供了实践参考。同时，本书强调企业在实施双重预防机制过程中，需根据实际情况，灵活调整和优化工作机制，确保其可行性与有效性。

本书对水电行业、其他发电企业的安全生产管理人员和监督人员具有借鉴意义，可作为推进双重预防机制建设的参考书籍。

图书在版编目（CIP）数据

水电行业双重预防机制建设与实践/国网甘肃刘家峡水电厂组编. --北京：中国电力出版社，2024. 8. --ISBN 978-7-5198-9078-0

Ⅰ. TV513

中国国家版本馆 CIP 数据核字第 20242EX072 号

出版发行：中国电力出版社
地　　址：北京市东城区北京站西街 19 号（邮政编码 100005）
网　　址：http://www.cepp.sgcc.com.cn
责任编辑：谭学奇（010-63412218）
责任校对：黄　蓓　张晨荻
装帧设计：张俊霞
责任印制：吴　迪

印　　刷：北京锦鸿盛世印刷科技有限公司
版　　次：2024 年 8 月第一版
印　　次：2024 年 8 月北京第一次印刷
开　　本：787 毫米×1092 毫米　16 开本
印　　张：12
字　　数：169 千字
定　　价：70.00 元

前 言

目前，我国水电行业的安全生产管理得到了企业和各级政府主管部门的高度重视，安全生产形势总体稳定。然而，因安全风险管控不力、隐患排查治理不到位而导致的事故仍有发生。因此，结合水电行业的特点，在开展风险辨识的基础上，通过科学的理论分析，研究适用于水电行业的风险管理方法，具有很大的理论和实践价值。

双重预防机制是一种前瞻性的管理方法，旨在预防生产安全事故的发生。通过对风险进行识别并采取预防措施，防止安全风险防控不到位转化为事故隐患，从而实现安全生产风险管控的前置。安全生产理论和实践证明，只有建立系统化的安全预防控制体系，在风险演变成隐患之前将其控制，并在萌芽状态将其消除，才能更有效地降低风险、防范事故的发生。

本书明确了水电行业安全风险分级管控与隐患排查治理的总体要求、机制运行及保障措施等。有助于推动安全生产关口前移，促进安全生产主体责任的落实，预防和减少生产安全事故。对于水电企业而言，本书具有一定的可复制性和借鉴价值。

在本书的编制过程中，得到了上级单位的大力支持，青岛中汇思远企业管理顾问有限公司提供了技术咨询服务，在此深表感谢！由于技术水平和时间限制，书中难免存在疏漏之处，敬请广大读者提出宝贵意见。

国网甘肃刘家峡水电厂

2024 年 4 月

目录

第一章　双重预防工作机制建设的政策与要求

安全生产是关系到人民群众生命财产安全的重要事项，是经济社会协调健康发展的标志。发展不能以牺牲安全为代价，这是社会的共识。风险并非洪水猛兽，只要能够预知风险，有效地进行管控，风险就会处于可控制的状态。

第一节　水电行业安全事故、事件警示案例

历史是最好的教科书，通过分析以往的事故原因可以发现，安全风险管控不力、隐患排查治理不到位，往往是导致事故发生的首要原因。因此，必须加大风险管控和隐患排查治理的力度，以避免事故的发生，确保人民群众的生命财产安全。这不仅是对历史的尊重，也是对未来的负责。

一、近年来国内水电行业典型事故案例

1. 擅自更改作业方案，门机倾覆导致多人伤亡

2005 年 8 月 1 日，某水电站组织 20 余人对扭曲变形和散股的起重机变幅钢丝绳进行更换。更换过程中发现新钢丝绳仅有 400m（实际需要 480m）。为达到更换目的，临时改变更换方法，将起重臂竖起，以缩短变幅钢丝绳安装长度，将原平放于地面的起重臂升起并左转 90°停靠在 2 号坝顶边缘上，再将原已穿好的 8 道钢丝绳拆除，重新穿绕。当变幅钢丝绳回撤到最后 1 道时，钢丝

绳发生跳槽，被起重臂顶端滑轮卡住。随后操作人员爬到起重臂上查看，钢丝绳突然向后滑动，门座式起重机后仰失去平衡，致使门座式起重机机整体倾覆。事故造成 14 人死亡，4 人受伤。

2. 交底不清越限作业，开关清扫触电身亡

2015 年 3 月 28 日 8:30，某水电站检修人员赵某在现场休息室更换工作服时，工作组成员李某向其交代当天要进行 3 号机组发电机出口 03 开关清扫工作。之后李某联系运行值长牛某，要求将 3 号机组发电机出口 03 开关车摇至“出车”位置。随后 3 人一同来到 10kVⅡ段高压配电室，牛某将 03 开关摇至“出车”位置。9:07 李某去检修现场休息间拿工作所需工器具，赵某去发电机层工具柜处拿清扫所需抹布，赵某早于李某返回工作现场。9:10，李某返回工作现场时，发现赵某触电倒在 3 号机组出口开关柜前面的绝缘垫上，12:08，赵某经抢救无效死亡。

3. 吊具错误、违规站人，吊物掉落被砸身亡

2008 年 12 月 26 日，某水电站安排 5 名人员进行工程遗留脚手架管搬运。起吊采用分层堆吊方式进行，共分五层，一侧平行靠墙，另一侧为吊装工作面，呈斜面堆放。起吊时利用两个长约 0.3m 的风镐钻头分别与钢丝绳固定后插入一根脚手架管两端作为吊点进行起吊。当起吊第 25 捆脚手架管第四层定位调整时，左端吊点部位脚手架管发生弯曲，与钢丝绳固定的风镐钻头脱落，整捆脚手架管自第四层向外滚落。事发时一名人员站在第一层架管中间部位，被 1.4t 的整捆架管从其胸部碾过，该人员送医途中死亡。

4. 交叉作业违规焊接，引发火灾殃及他人

2013 年 9 月 29 日下午，某水电站外包施工单位两名作业人员在大坝左岸效能区钢栈桥用电焊机、氧焊机将原来施工期留下的临时木制悬梯改造为永久钢制悬梯，另一外包施工单位的 2 名人员正在大坝坝体背侧下游面铺贴外立面保温层。由于在悬梯上焊接护栏时，未采取防护措施，违规进行电焊作业，造成电焊金属熔融物从木板缝隙中溅落到第二层平台，先后三次引发保温材料碎屑起火，前两次火势较小，经采取措施及时将起火点扑灭；第三次因火势较大，

扑救无果。2 名动火人员逃离现场，但正在上层吊篮中作业的两名人员却未能及时逃离，造成 2 人死亡。

5. 有限空间违章作业，盲目施救导致事故扩大

2013 年 11 月 29 日，某水电站站长带领电站 4 名员工对 2 号机组水轮机进行年度例行检修。一名检修人员用电风扇向蜗室吹风通气，另一名人员进入蜗室涵管内作业，约 2min 后，外部人员发现进入蜗室涵管内作业人员从引水涵管内漂浮出来。外部人员马上下到蜗室拉漂浮人员，但未拉动。约 2min 后拉扶人员也晕倒，其他人员急忙将电站内电闸及电站门外的变压器总闸关闭，回到电站内后，此时其他救援人员赶到，救援人员共同将 4 人（当时另外两人可能存在盲目施救）从蜗室内救到地面，但由于中毒时间过长，4 人先后经抢救无效死亡。

6. 上游电站提闸放水，下游检修人员溺亡

2015 年 9 月 11 日 11:00，某水电站副站长李某带领工人单某、汽车驾驶员李某维修简易龙口泄洪闸门。李某在闸门启动箱处负责水位的观测和闸门启闭工作，单某在闸门底部负责维修闸门作业，李某在闸门板顶端负责监护和协助单某闸门底部维修。13:30，在维修作业过程中，李某发现简易龙口泄洪闸门上游大约 10m 处突来大水，赶忙启动闸门关闭按钮，此时大水已到简易龙口泄洪闸门处，在闸门底部未采取任何安全防护措施的单某，被冲入下游河道约 300m 处，溺水身亡，事故造成 1 人死亡。

7. 闷头体未按照承压设备制造、检验，压力钢管在水压的作用下爆裂失效，大量水流高速涌入厂房

2021 年 6 月，四川小金河公司关州水电站发现 3 号机组球阀密封环损坏漏水，需返厂维修，为不影响 1 号、2 号机组正常发电，该公司决定在 3 号机组引水压力钢管处安装闷头，通过螺栓与引水压力钢管法兰连接固定实现临时堵水。2022 年 1 月 10 日上午，3 号机组闷头安装完成。1 月 11 日 0:00 至 1:20，完成引水隧洞和压力钢管充水，闷头开始承压。1 月 12 日 1:15，2 号机组开始并网发电，并稳定运行。1 号机组处于停机消缺状态，球阀全关。1 月 12 日

13:43:16，3 号机组闷头承压 36h40min，闷头体在水压力作用下发生爆裂，并迅速向开裂点两侧发展，爆裂部分闷头完全脱离，上游水流高速涌入厂房，短时最大流量达 $282m^3/s$，水位最高升至厂房尾水平台高程上方 1.5m，造成正在现场进行开展3号机组A修作业和修补尾水管脱落混凝土作业的9名人员死亡。

8. 现场隐患排查缺失，在建隧道岩石垮塌

2012 年 6 月 6 日 19:30，某在建水电站交通工程 402 号公路隧道开始进行爆破作业，至 6 月 7 日凌晨 2:00 左右排险、出渣完成并开始初喷。2:45 混凝土初喷工作结束后，支护班 5 人在塌方部位下方进行系统锚杆的钻孔施工作业。钻孔作业不久，拱顶部位忽然发生塌方，造成 5 人被埋。施工现场带班人员和洞内其余施工人员，立即采取应急救援措施，并向项目部值班人员报告，将被埋 5 人救出并送医院，事故造成 3 人死亡、2 人受伤。

9. 支撑架施工工艺不规范，坍塌导致人员死亡

2012 年 6 月 7 日，某项目部在对梯级水电站二级大坝进行第三号闸孔交通桥梁板浇筑时，位于下方的满堂钢管支撑架瞬间全部坍塌，当时正在交通桥浇筑仓面上的3名作业人员随着支撑架和混凝土一起坍塌下去被掩埋，造成3人死亡。

10. 防护平台钢板坍塌，人员坠落伤亡

2011 年 7 月 22 日 8:40，某水电站施工单位的外协队伍王某、李某、杨某三人在进水口 5 号检修闸门槽 801.3m 高程清理安全防护平台上的浮渣和施工垃圾，未按规定系好安全绳，违规切割金属结构安全防护平台钢板，导致防护平台一块钢板坍塌坠落，3 名作业人员随安全防护平台钢板一同坠落到高程 736m 进水口底板，造成3人死亡。

二、近年来国外水电行业典型事故案例

1. 冰川崩裂引发山洪，冲垮两座水电站大坝

2021 年 2 月 7 日，印度北阿坎德邦查莫利地区冰川崩塌，引发阿勒格嫩达河和杜利恒河的大规模洪水，冲毁沿岸居民房屋和 2 座水电站工程，一座是正

在施工建设的杜利恒河上的里希甘加水电站闸坝，另一座是小水电站堤坝，周边地区数千人被迫紧急撤离，造成18人死亡，超过200人失踪，包括11名当地居民和约190名两座电站的工作人员。

2. 设备管道缺陷老化，厂房进水设备损坏

2017年3月5日晚，某境外水电站运行巡视人员发现3号机组运行声音异常，检查3号机组水压低、水轮机轴向位移大，建议停机检查。在3号机正常负荷停机过程中，水从机组转轮上盖法兰间隙溢出，并迅速增大，喷射到正常运行的4号机组，巡视人员立即通知集控室停4号机组，同时返回3号机开始手动关闭机组进水阀。大约关阀4圈后，发现转轮上盖处喷水扩展到四周而停止操作，巡视人员从下面的管道井撤离厂房，此时水已从压力钢管和混凝土之间喷出。事故造成水电站厂房内临近3号机组的混凝土地面和电站屋顶损坏严重，1、2、3、4号机组及附属设备过水，厂房上游方向约140m处的3号机组压力钢管爆裂。

3. 振动超限螺栓破坏，机组移位水淹厂房

2009年8月17日，俄罗斯萨扬水电站运转的2号机组垂直振动加剧，涡轮连同发电机转子被强大能量弹射出运转位置，近200m高程水压的水柱从机组残破漏洞中喷射而出，瞬间摧毁了水电站厂房，淹没主厂房发电机层及以下各层。正在带负荷运行的另外9台机组在水淹下遭受严重过电损伤，厂房中机组运行人员被灌顶洪流吞没。9:20水轮机进水口工作门在坝顶被手动关闭，截断了冲入水轮机室的水流。事故造成75人死亡，10台机组受到不同程度破坏，其中2号、7号、9号机组报废，厂房被摧毁，40t变压器油溢出，形成长达80km的油污带，直接经济损失130亿美元[1]。

第二节 双重预防机制建设背景及政策要求

为认真贯彻落实党中央、国务院决策部署，着力解决安全生产领域存在的

[1] 近年来国内外较为典型的水电行业安全生产事故事件案例。

薄弱环节和突出问题，强化安全风险管控和隐患排查治理，坚决遏制重特大事故发生，依据《中华人民共和国安全生产法》，企业必须着力构建双重预防工作机制。

一、双重预防工作机制的提出背景

党的十八大以来，习近平总书记针对安全生产领域明确指出:“对易发重特大事故的行业领域采取风险分级管控、隐患排查治理双重预防性工作机制，推动安全生产关口前移”。

2015 年 12 月 24 日，习近平总书记在中共中央政治局第 127 次常委会会议上发表重要讲话，提出“全面加强安全生产工作必须坚决遏制重特大事故频发势头，对易发重特大事故的行业领域采取风险分级管控、隐患排查治理双重预防性工作机制”。

2019 年，习近平总书记在省部级主要领导干部坚持底线思维着力防范化解重大风险专题研讨班开班式上发表重要讲话强调:“提高防控能力，着力防范化解重大风险，保持经济持续健康发展和社会大局稳定”。

党的二十大提出“坚持安全第一，预防为主，建立大安全大应急框架，完善公共安全体系，推动公共安全治理模式向事前预防转型。推进安全生产风险专项整治，加强重点行业、重点领域安全监管。提高防灾减灾救灾和重大突发公共事件处置保障能力，加强国家区域应急力量建设”。

二、双重预防工作机制的政策要求

党中央、国务院对安全生产领域提出了构建“安全风险分级管控和隐患排查治理双重预防机制”的明确要求。2016 年 4 月，国务院安委会办公室发布的《标本兼治遏制重特大事故工作指南》，将安全风险管控明确作为首要的安全生产保障举措。

2016 年底，中共中央、国务院发布了《关于推进安全生产领域改革发展的意见》（中发〔2016〕32 号），文件强调要构建风险分级管控和隐患排查治理双重预防工作机制，严防风险演变成隐患升级导致生产安全事故的发生，这一顶层设计推动了双重预防工作机制建设与其他重点工作的相互融合，相互促进，相得益彰。

2021 年 6 月，《全国人民代表大会常务委员会关于修改〈中华人民共和国安全生产法〉的决定》通过、公布，明确将“组织建立并落实安全风险分级管控和隐患排查治理双重预防工作机制”写入生产经营单位主要负责人的职责。切实把安全风险管控挺在隐患前面、把隐患排查治理挺在事故前面，规范企业安全风险分级管控和隐患排查治理双重预防机制建设工作。

三、构建双预机制的相关法规标准

水电行业双重预防机制建设相关的法规、标准较多。为了更好地梳理并列出适用的法规和标准，本书列举了水电行业目前适用的有关双重预防机制建设的法规和标准，它们对水电行业的发展具有重要的指导和规范作用。需要注意的是，随着时间的推移，相关法规和标准可能会更新或修改。因此，在实际应用中应关注最新的法规和标准，如表 1-1 所示。

表 1-1　　国家、行业有关双重预防机制建设的现行法规、标准

序号	名称	发布文号	实施时间
1	中华人民共和国安全生产法	中华人民共和国主席令第 88 号	2021-09-01
2	中共中央、国务院关于推进安全生产领域改革发展的意见	中发〔2016〕32 号	2016-12-09
3	国家发展改革委国家能源局关于推进电力安全生产领域改革发展的实施意见	发改能源规〔2017〕1986 号	2017-11-17
4	关于加强电力企业安全风险预控体系建设的指导意见	国能安全〔2015〕1 号	2015-01-08
5	企业安全生产风险公告六条规定	国家安监总局令第 70 号	2014-12-10
6	关于实施遏制重特大事故工作指南构建双重预防机制的意见	安委办〔2016〕11 号	2016-10-09

续表

序号	名称	发布文号	实施时间
7	安全生产事故隐患排查治理体系建设实施指南	安委办〔2012〕1号	2012-07
8	安全生产事故隐患排查治理暂行规定	国家安全生产监督管理总局第16号	2008-02-01
9	生产安全事故应急预案管理办法	应急管理部令第2号	2019-09-01
10	重大电力安全隐患判定标准（试行）	国能综通安全〔2022〕123号	2022-12-29
11	电力安全隐患治理监督管理规定	国能发安全规〔2022〕116号	2022-12-29
12	电力设备典型消防规程	DL 5027—2015	2015-09-01
13	企业职工伤亡事故分类标准	GB/T 6441—1986	1987-02-01
14	企业安全生产标准化基本规范	GB/T 33000—2016	2017-04-01
15	生产过程危险和有害因素分类与代码	GB/T 13861—2022	2022-10-01
16	风险管理 术语	GB/T 23694—2013	2014-07-01
17	风险管理 指南	GB/T 24353—2022	2009-12-01
18	风险管理风险评估技术	GB/T 27921—2023	2012-02-01
19	职业健康安全管理体系要求及使用指南	GB/T 45001—2020	2020-03-06
20	工作场所化学有害因素职业健康风险评估技术导则	GBZ/T 298—2017	2018-04-15
21	噪声职业病危害风险管理指南	AQ/T 4276—2016	2017-03-01
22	道路交通安全管理体系要求及使用指南	GB/T 39001—2019	2020-05-01
23	企业安全生产双重预防机制建设规范	T/CSPSTC 17—2018	2018-11-15

第三节　构建企业双重预防机制的基础理论知识

在启动双重预防机制建设之前，务必深入钻研并全面把握双重预防机制的基础理论框架与核心内容。这些知识体系不仅涵盖了理论层面的基本概念，更在实际操作层面提供了明确的指导原则和规范要求。双重预防机制建设作为一项系统而关键的任务，需要对其基础理论知识和内容进行全面透彻的理解，并在实际工作中灵活应用并不断加以优化完善。

一、双重预防工作的概念和术语

（1）双重预防：指为将风险控制在隐患形成之前，将隐患消除在事故之前，所开展的安全风险分级管控和隐患排查治理的工作制度和规范。

（2）双重预防工作机制：指健全双重预防体系标准机制、全面排查评定风险和隐患等级机制、实行安全风险分级管控机制、实施隐患排查治理闭环管理机制。即体系机制、等级机制、管控机制、闭环机制。

（3）危险源/危害因素/危害来源/危害：可能导致伤害和健康损害（对人的生理、心理或认知状况的不利影响）的来源。

注：1. GB/T 45001—2020，定义 3.19。

2. 考虑到安全生产领域现实存在的相关称谓，本书视“危险源”“危害因素”“危害来源”和“危害”同义。

（4）风险：生产安全事故或健康损害事件发生的可能性和严重性的组合。可能性，是指事故（事件）发生的概率。严重性，是指事故（事件）一旦发生后，将造成的人员伤害和经济损失的严重程度。

注：改写 GB/T 23694—2013，定义 2.1。

（5）风险点（源）：是指风险伴随的设施、部位、场所和区域，以及在设施、部位、场所和区域实施的伴随风险的作业活动，或以上两者的组合。

（6）风险评估：包括风险识别、风险分析和风险评价的全过程。

注：GB/T 23694—2013，定义 4.4.1。

（7）风险等级：单一风险或组合风险的大小，以后果和可能性的组合来表达。根据风险导致事故发生的可能性与后果二者组合，可对风险划分不同的等级。

注：GB/T 23694—2013，定义 4.6.1.8。

（8）风险分级管控：按照风险等级、所需管控资源、管控能力、管控措施复杂及难易程度等因素，确定不同管控层级的管控方式。

（9）风险管控措施：为将风险降低至可接受程度，采取的相应消除、隔离、控制的方法和手段。

（10）隐患：违反安全生产法律法规、规章、标准、规程和安全生产管理制度的规定，或者因其他因素在生产经营活动中存在可能导致事故发生的物的危险状态、人的不安全行为和管理上的缺陷。

注：国家安全生产监督管理总局令第 16 号，第三条。

（11）一般隐患：是指危害和整改难度较小，发现后能够立即整改排除的隐患。

注：国家安全生产监督管理总局令第 16 号，第三条。

（12）重大隐患：是指危害和整改难度较大，应当全部或者局部停产停业，并经过一定时间整改治理方能排除的隐患，或者因外部因素影响致使生产经营单位自身难以排除的隐患。

注：国家安全生产监督管理总局令第 16 号，第三条。

（13）隐患排查：对风险管控措施落实的有效性和生产过程中产生的隐患进行检查、监测、分析、定级的过程。

（14）隐患治理：对排查出的隐患进行登记、上报，制定整改方案或措施、预案、资金计划，明确整改责任和时限，并组织实施、跟踪落实、提级督办、验收销号等一系列闭环管理过程。

注：本部分的其他概念和术语引自吴超编著《安全科学管理学》（机械工业出版社，2018 年 11 月）。

二、双重预防工作的理论基础

自 2016 年 10 月国务院安委办发布《关于实施遏制重特大事故工作指南构建双重预防机制的意见》（安委办〔2016〕11 号）以来，我国已推行双重预防机制多年。企业纷纷投入大量的人力、物力和财力来构建这一机制，但由于各省市、企业对风险管理的认识和实践各异，导致部分企业的双重预防机制未能实现预期效果。推进好双重预防机制建设，应梳理清楚以下关系。

1. 危害与风险的关系

危害是可能造成事故的根源，是具有可能意外释放的危险物质和能量的设备设施、场所、活动等。风险是安全状态的客观量，危害、发生的事故等均可用风险来衡量。

2. 安全风险的分类、分级

T/CSPSTC 17—2018《企业安全生产双重预防机制建设规范》中指出，企业危险源辨识应当采用科学的方法，全面深入地剖析生产系统，识别出存在于设备、部位、场所、区域以及操作、作业活动中的各种危险源，明确其存在的形式、事故发生的途径及其变化的规律，并进行准确描述。

3. 风险与隐患的关系

风险与隐患：一对既相互区别又相互关联的概念。隐患具有法规或标准的明确属性，而风险则具有系统或事物的客观属性；隐患是需被消除或整改的对象，风险则是需要管理和限制的对象。风险管理是一个动态的、过程性的、全面的管理；隐患管理则是一个结果性的、要点性的、强制性的管理，如图 1-1 所示。

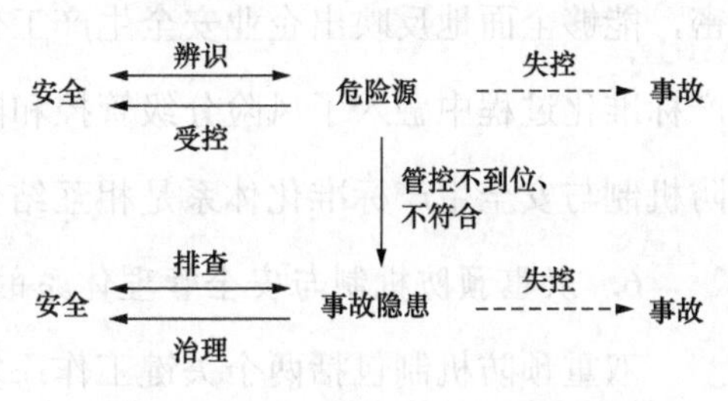

图 1-1　危害、风险、隐患的关系

4. 安全风险分级管控与隐患排查治理的关系

安全风险管理与隐患排查是相辅相成、相互促进的两个重要环节。安全风险分级管控是隐患排查治理的前提和基础，它通过强化安全风险的识别、评估和管控，从源头上消除、降低或控制相关风险，从而有效地降低事故发生的可能性和后果的严重性。

隐患排查治理则是安全风险管理的深化和强化，它通过定期的隐患排查工作，发现风险管控措施的失效、缺陷或不足之处，并采取相应的措施进行整改。同时，它也通过对危险有害因素辨识评估的完整性和准确性的分析、验证，进一步完善风险分级管控措施，从而进一步减少或杜绝事故发生的可能性。总的来说，安全风险分级管控和隐患排查共同构建起预防事故发生的双重机制，共同构成了两道保护屏障。

5. 双重预防机制与安全生产标准化建设的关系

《关于实施遏制重特大事故工作指南构建双重预防机制的意见》中，明确提出要将安全生产标准化创建工作与安全风险的辨识、评估、管控，以及隐患的排查治理有机结合起来，并在安全生产标准化体系的创建和运行过程中进行安全风险的辨识、评估、管控和隐患排查治理。

GB/T 33000—2016《企业安全生产标准化基本规范》为企业建立了安全生产标准化体系的原则和要求。为了与国家提出的双重预防机制思路保持一致，并更好地发挥作用，新版规范将原来的“安全隐患排查及治理”和“重大危险源监控”合并为“安全风险管控及隐患排查治理”，使得二者之间的关系更加紧密，能够全面地反映出企业安全生产工作的思路和要求。这表明在创建安全生产标准化过程中融入了风险分级管控和隐患排查治理的工作，也就是说双重预防机制与安全生产标准化体系是相互结合的。

6. 双重预防机制与安全管理体系的关系

双重预防机制包括两个关键工作：安全风险分级管控和隐患排查治理。如安全管理体系，该体系中的“风险管理”“隐患管理”以及“安全监督检查”要素是非常重要的要素，同时安全管理体系的主线也是围绕着双重预防机制来进行的。因此，双重预防机制并非是一项全新的工作。

第二章　水电企业双重预防工作机制建设方法

水电企业在生产过程中也面临着诸多风险和挑战，如何有效预防和应对这些风险，确保企业的安全、稳定和可持续发展，成为水电企业亟待解决的问题。双重预防工作机制作为一种科学的风险防控方法，为水电企业提供了有效的解决方案。

第一节　企业构建双重预防机制的总体思路

双重预防机制的构建是防范生产安全事故的两道屏障。第一道屏障是风险管控。以风险识别和管控为基础，从源头上系统地识别风险，分级管控风险，将各类风险控制在可接受的范围内，以减少和杜绝事故隐患。第二道屏障是隐患管理。以隐患排查和治理为手段，针对风险管控过程中的遗漏和失效环节进行排查，坚决消灭隐患在事故发生之前。企业应通过构建双重预防的工作机制，切实把每一类风险都控制在可接受范围内，把每一个隐患都治理在形成之前，把每一起事故都消灭在萌芽状态。

一、企业构建双重预防机制的原则

（1）风险优先原则。以风险管控为主线，把全面辨识风险、评估风险和严格管控风险作为安全生产的第一道屏障，解决“认不清、想不到”的突出问题。

（2）系统性原则。从人、物、环、管四个方面，把风险管理贯穿于企业生产经营全流程、全生命周期、全过程的始终。

（3）全员参与原则。将双重预防机制建设各项工作责任分解落实到企业的各层级领导、各业务部门和每个具体工作岗位，确保职责明确、落实责任。

（4）持续改进原则。持续进行风险分级管控与更新完善，持续开展隐患排查治理，实现双重预防机制不断深入、深化，促使机制建设水平不断提升。

二、双重预防机制的常态化运行机制

安全风险分级管控体系和隐患排查治理不是两个平行的体系，更不是互相割裂的“两张皮”，二者必须实现有机融合。

定期开展风险辨识，加强变化管理，定期更新安全风险清单、事故隐患清单，使之符合本企业实际。

对双重预防机制运行情况进行定期评估，及时发现问题和偏差，修订完善制度/标准，保障双重预防机制的持续改进。

从源头上管控高风险项目，持续完善重大风险管控措施和重大隐患治理方案，保障应急联动机制的有效运行。

三、双重机制建设的基本工作流程

构建双重预防工作机制基本流程包括：策划与准备、风险评估、分级管控、检查与考核、改进与提升，即“五步工作法”，如图 2-1 所示。

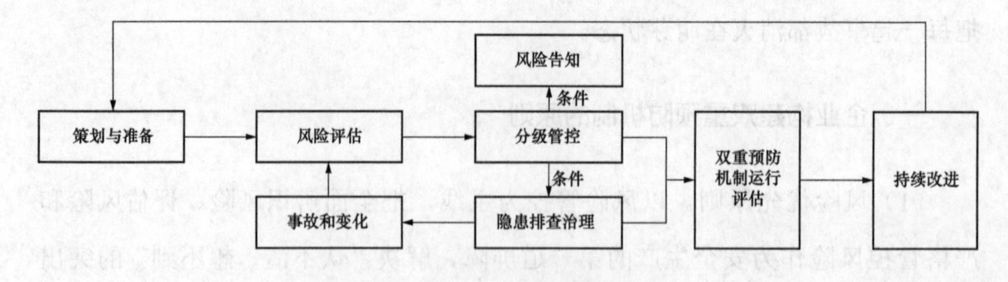

图 2-1　双重预防机制建设流程

（一）策划与准备

为推进双重预防工作机制建设，企业需要精心策划并做好充分的准备。

1. 建立工作制度

制定完善本企业双重预防工作机制建设的相关制度，明确工作内容、职责分工、保障措施等相关内容；明确各级人员的具体职责，避免职责不清、管理内容不切合实际等问题。制度应具体、有针对性和可操作性。

2. 全面培训

组织开展关于风险管理知识、风险辨识评估和双重预防工作机制建设方法等内容的培训，使员工掌握双重预防工作机制建设的相关知识，从而具备参与风险辨识、评估和管控的基本能力。

3. 收集相关信息

（1）外部信息：收集企业适用的安全生产法律法规、规章、标准、规范性文件和安全监管要求；企业所处区域的自然环境状况；企业相关方的关系以及其诉求和安全风险承受度；国内外同类企业发生过的典型事故情况等。

（2）内部信息：收集企业管理现状、中高层管理人员和专业人员的知识结构、专业经验；员工的知识结构、年龄结构；生产工艺流程、作业环境和设备设施情况；建设、生产运行过程中形成的勘查、设计、评估评价、检测检验、专项研究、实验报告等。

（二）安全风险评估

安全风险评估“七步法”为：划分单元、选择方法、风险辨识、风险分析、风险评价、风险分布图、风险信息平台。

1. 合理划分评估单元

应对整个生产系统进行合理划分，确定评估的基本单元。单元划分应分层次逐级进行，一般可以将整个生产系统依次划分成主单元、分单元、子单元、岗位

（设备与作业）单元。主单元可以结合生产系统划分。岗位（设备、作业）单元是安全风险评估的最基本单元。企业在实施过程中，可以根据自身生产工艺复杂程度、设备设施分布状况和管理需要等情况灵活增减单元划分的层级和数量。

2. 选择适用的评估方法

风险评估方法可以是定性的、半定量的、定量的，或者是这些方法的组合。常用的定性方法包括头脑风暴法、检查表法、预先危险分析法（PHA）等；常用的定量方法包括失效模式和效果分析法（FMEA）、决策树分析法等；常用的半定量方法包括风险矩阵法、事故树分析法（FTA）等。

企业应根据自身安全风险评估的需求、范围、专业技术力量、获取评估所需信息的难易程度等因素，选择适合自身特点、简单易行、便于操作的评估方法。不同的评估方法适用于安全风险评估的不同阶段。对于关键环节和重点场所，可同时采用多种评估方法对同一评估对象进行评估，以提高评估的准确性和全面性。评估方法的选取应该灵活多样，既要满足评估的需求，又要尽可能地简单易行，方便操作。

3. 安全风险辨识

企业应充分利用现有的安全生产标准化、安全评价及安全专项研究等工作的成果，并在此基础上，从不同的角度和层次挖掘可能存在的风险。同时，应注重提高辨识的准确性和效率。充分调动员工的积极性和创造性，发动员工积极参与其中，特别是生产一线作业人员。利用岗位人员对作业活动熟悉的优势，对单元中的作业活动、作业环境、设备设施、岗位人员、安全管理等方面进行全面的安全风险辨识。同时针对关键岗位或危险场所，要特别重视安全风险辨识，将风险影响因素、成因、可能的影响范围和事故类型查明，并作为管控风险的重点。

4. 安全风险分析

在分析过程中，应充分考虑现有安全风险管控措施的有效性和安全风险管控措施的不足之处。对于事故发生的可能性及可能造成事故后果的严重性，可以通过建立事故模型或通过实验研究推导来确定，也可以通过对行业内同类型事故的分析进行评估。同时，需要重点关注可能导致重大事故的风险，并了解这些风险影响范围内的人员分布情况。

5. 安全风险评价

完成安全风险评估后，将形成安全风险评估结果。在单元风险评价的基础上，还需对企业的各个生产区域进行综合风险评估。针对每个生产区域，可以根据安全风险的关联性和组合情况，依据短板原理选择单元安全风险的最高等级作为该生产区域的安全风险等级。此外，还可以采用综合加权的方法来确定生产区域的特定安全风险等级。

6. 绘制安全风险空间分布图

企业应根据风险评估分级的结果，以红、橙、黄、蓝四种颜色标示出重大风险、较大风险、一般风险和低风险，并制作四色安全风险空间分布图，以便于展示企业内部各生产区域的风险等级。对于重要单元或区域，可根据风险管控的需要绘制单独的风险分级分布图。企业应深入分析不同区域的安全风险的特点，针对性地制定相应的管控措施，实行差异化管理，尤其要加大较大及以上风险区域的管控力度。

7. 建立企业安全风险管控信息平台

为提升安全风险管控的效率，企业应充分利用安全生产管理信息系统，建立企业安全风险管控信息平台。在这个平台上，企业需要构建一个完整的安全风险数据库，包含所有安全风险类型的信息，包括风险等级和相应的管控措施。此外，企业还可以开发与安全风险管控相适应的处理模块和表单，将安全风险管理制度、安全风险辨识技术支撑体系信息（如安全风险事件库、安全风险辨识方法模型库、相关标准等）纳入其中。

（三）安全风险管控

企业需根据安全风险评估的结果，制定并优化安全风险管控体系，确保安全风险被控制在可接受范围。

1. 制订安全风险管控措施

对于每一项辨识出的安全风险，企业需从管理、制度、技术和应急等方面综合考虑，制定有效的管控措施。对于单独的措施不足以有效管控安全风险的情况，应考虑选择多种措施组合使用，并确定实施这些措施的优先顺序。企业应通过消除、终止、替代、隔离等措施消减风险，并与各岗位、车间（部门）相关人员进行交流，充分论证管控措施的合规性、可行性和有效性。确定的管控措施必须紧密结合生产实际，与现有的生产管理各个环节及现有管控措施充分融合，并符合现有标准的技术和管理要求。

2. 实施安全风险分级管控

（1）企业需根据安全风险分级结果，明确各级安全风险的管控范围和责任人，将责任分解到生产过程中的每个人。形成企业安全风险分级管控表，对于重大风险和较大风险应实施多级联合管控，确保管控措施落实到位。

（2）岗位风险管控是企业安全管理的核心和基础。员工在进入作业岗位时，必须对岗位的安全风险状况和各项管控措施进行安全确认，并进行安全风险告知、设备检查等活动，确保岗位风险可控。现场管理人员要做好安全风险的预知预控的复核检查，确保岗位风险得到有效控制。如果发现异常情况或临时生产活动，应立即进行现场风险分析，制定应对措施，在落实管控措施后方可进行后续相关活动。对于风险的动态变化，需要对场所的安全风险进行及时评估，并及时调整管控措施。

（四）安全风险公告及警示措施

企业应建立健全安全风险公告制度，在交接班室等显眼位置和关键区域设置安全风险公告牌。公告牌上应明确标示出危险和有害因素、事故类型、可能导致的后果、影响范围、风险等级、管控方法和应急措施、责任人、有效期，以及报告电话等信息，同时应确保公告内容得到及时更新和归档。还需制作重点岗位安全风险告知卡，在卡片上应详细列出岗位安全操作注意事项、主要安全风险、可能引发的事故类型、管控措施和应急处理方法等，以便员工进行安全风险确认，并据此规范自身的安全操作行为。此外，岗位安全风险提示卡应被视为岗位人员安全风险教育和技能培训的基本资料，在实际应用过程中，应对其内容进行补充和完善。

（五）检查与考核

1. 加强监督检查以确保责任落实

企业应根据实际工作需求和职责划分，自上而下，从企业负责人、车间（部门）负责人到班组长、岗位员工，层层树立榜样，逐级传导压力。定期检查安全风险管控措施及责任落实情况，通过查阅相关记录、抽样检查、现场考察等手段，对相关单位及责任人进行安全风险管控认知、岗位风险识别、管控措施落实等方面的评估。同时，认真做好检查记录，确保记录真实、准确、可追溯，从而确保各项风险管控措施得到有效执行。

2. 及时排查并治理潜在隐患

对于在检查过程中发现的生产安全事故隐患，企业应优化隐患排查治理制度，明确各级人员的职责和工作任务，完善现有的隐患排查治理流程，实现从隐患排查、登记、评估、治理、报告到核销的闭环管理。制定并严格执行隐患治理方案，确保责任、措施、资金、时限和预案“五落实”，及时治理隐患。对于重大隐患，应按照规定报告给政府安全监管部门。

3. 强化绩效考核以推动实施

企业应根据检查结果，重点检查风险评估与职责落实、风险管控流程的覆盖深度和广度、风险管控措施的执行情况、事故隐患排查治理情况和企业实际安全绩效等方面，对相关责任人进行必要的奖惩激励，确保风险管控任务按计划完成。

（六）改进提升

1. 及时纠正偏差

针对日常和定期检查中发现的生产安全事故隐患和安全风险管控措施落实不到位的情况，企业应认真分析原因，剖析安全风险分级管控存在的制度漏洞和管理缺陷，对发现的偏差及时逐项纠正，确保实现双重预防机制的持续改进和闭环管理。

2. 动态评估风险

企业应根据内部和外部条件的变化情况，对安全风险进行动态评估。特别是在实施改扩建工程项目、应用新设备设施或工艺技术、大型设备安装与检修、停产复工、发现重大不符合、地质条件出现显著变化，以及发生生产安全事故后，必须对安全风险重新进行评估，并根据评估结果制定实施新的管控措施。

第二节　水电企业安全生产风险组成和分布

水电企业作为能源领域的重要组成部分，其安全生产风险分布广泛且复杂。在日常运营中，水电企业需要面临诸多风险挑战，如设备故障、自然灾害、人为失误等。因此，深入剖析水电企业安全生产风险分类、分布，并提出有效的应对策略，对于保障企业稳定发展、保护员工生命安全具有重要意义。

一、风险分类

（一）基于损害承担者划分

（1）个人风险：涵盖个人可能遭遇的人身伤亡、财产损失、情感困扰、精神追求以及个人发展等方面的问题。

（2）企业风险：针对企业在发展过程中可能遭遇的各种风险。

（3）社会风险：涉及整个社会可能面临的诸如环境污染、水土流失、生态环境恶化等问题。

（二）依据风险损害对象划分

（1）人身风险：包括人员伤亡和身体或精神损害。

（2）财产风险：涵盖直接财产损失和间接财产损失（如业务和生产中断、信誉降低等导致的损失）。

（3）环境风险：涉及环境破坏对空气、水源、土地、气候和动植物等产生的影响和危害。

（三）按照风险来源划分

（1）自然风险：自然界中可能威胁人类生命财产安全的危险因素，如地震、洪水、台风、海啸等。

（2）技术风险：由于科学技术进步带来的风险，包括人造物，尤其是大型工业系统对人类生活产生的影响。

（3）社会风险：源于社会结构中的不稳定因素，涵盖政治、经济和文化等方面。

（4）经济风险：在经济活动中产生的风险，如通货膨胀、经济制度变革、市场失控等。

（5）行动风险：由人类行为导致的风险。

（四）根据风险存在状态划分

（1）固有风险：特定系统本身客观固有的风险，对于特定系统固有风险是客观不变的。

（2）现实风险：在约束条件下，系统对个体或社会的实际风险影响，现实风险是动态变化的。

（五）依据风险影响范围划分

（1）个体风险（单一对象）：针对个人或单一对象的风险，包括人身安全、财产安全、系统破坏等。

（2）社会风险（综合影响）：影响整个社会的风险，如群体伤害、社区危害、环境污染等。

（六）根据风险表象划分

（1）显现风险：呈现出形式或后果的风险状态，如停电、触电、坠落、噪声、中毒、泄漏、火灾、爆炸、坍塌、踩踏等突发事件及危害因素。

（2）潜在风险：存在于潜在或隐形的风险状态，如异常、超负荷、不稳定、违章、环境不良等危险状态及因素。

（七）基于风险状态划分

（1）静态风险：风险的存在状态不因时间或空间的变化而变化，如隐患、缺陷、坠落、爆炸、物体打击、机械伤害等。

（2）动态风险：风险的存在状态随时间或空间的变化而变化，如火灾、泄漏、中毒、水害、异常、不稳定、环境不良等。

（八）依风险的时间特性划分

（1）短期风险：存在时间较短，例如坠落、爆炸、物体打击、机械伤害、中毒、不安全行为，以及环境不良等。

（2）长期风险：存在时间较长，例如隐患、缺陷、火灾、泄漏、水害、异常，以及不稳定等。

（九）依风险引发事故的原因因素划分

（1）人因风险：是由人的因素引发的，如失误、违反规定、执行不力等。

（2）物因风险：是由设备、设施、工具、能量等物质因素引发的，如隐患、缺陷等。

（3）环境风险：是由环境条件因素引发的，例如环境不良、异常等。

（4）管理风险：是由管理因素引发的，如制度缺失、责任不明确、规章不健全、监督不力、培训不到位、证照不全等。

（十）依风险的分析要素划分

（1）设备风险因素：这类风险是针对设备进行分析的，如隐患、缺陷、故障、异常、危险源等。

（2）工艺风险因素：这类风险是针对生产工艺进行分析的，如停电、失电、超压、失效、爆炸、火灾等。

（3）岗位风险因素：这类风险是针对作业岗位进行分析的，如违章、差错、失误、坠落、物体打击、机械伤害、中毒等。

二、风险分布

（1）设备故障是水电企业面临的主要风险之一。水电企业运营涉及大量复杂设备，如发电机、水轮机、变压器等。这些设备在长期运行过程中，难免会出现磨损、老化、损坏等问题，导致性能下降、效率降低，甚至引发安全事故。为了降低设备故障风险，水电企业应加强设备维护和保养，定期对设备进行检查、维修和更新。同时，企业应建立健全设备管理制度，确保设备的正常运行和安全生产。

（2）自然灾害也是水电企业安全生产风险的重要来源。水电企业通常位于河流、湖泊等水域附近，易受到洪水、暴雨、滑坡等自然灾害的影响。这些自然灾害不仅可能直接损坏设备，还可能引发水质污染、水位变化等间接风险。为了应对自然灾害风险，水电企业应提前制定应急预案，加强灾害监测和预警机制。同时，企业应加强与政府、社区等相关方的沟通协调，共同应对自然灾害带来的挑战。

（3）人为失误也是水电企业安全生产风险不可忽视的因素。人为失误可能包括操作不当、疏忽大意、违规操作等，这些失误可能导致设备损坏、安全事故等严重后果。为了降低人为失误风险，水电企业应加强对员工的培训和教育，提高员工的安全意识和操作技能。同时，企业应建立健全安全管理制度和操作规程，规范员工的行为和操作，确保安全生产。

第三节　水电企业事故隐患排查的理论基础

水电企业事故隐患排查的理论基础涵盖了法律法规、行业标准、企业安全管理制度、隐患识别和评估、科学方法和手段、安全文化以及持续改进和创新等多个方面。这些理论基础为水电企业的事故隐患排查提供了坚实的支撑和保障，有助于确保企业的安全生产和稳定发展。同时，随着时代的发展和技术的进步，这些理论基础也将不断得到丰富和完善，为水电企业的安全生产提供更加全面、深入的指导。

一、事故隐患排查与安全检查的关系

（1）GB/T 33000—2016《企业安全生产标准化基本规范》第 5.5.3.1 条款“企业应按照有关规定，结合安全生产的需要和特点，采用综合检查、专业检查、季节性检查、节假日检查、日常检查等不同方式进行隐患排查。对排查出的隐患，按照隐患的等级进行记录”，对隐患排查开展的方式进行了明确。

（2）《安全生产事故隐患排查治理暂行规定》（国家安全生产监督管理总局令第 16 号）中对隐患的定义提出：违反安全生产法律法规、规章、标准、规程和安全生产管理制度的规定，或者因其他因素在生产经营活动中存在可能导致事故发生的物的危险状态、人的不安全行为和管理上的缺陷。认为凡是能够发挥发现、查找、排查“违反规定、物的危险状态、人的不安全行为和管理上的

缺陷”作用的工作，都是隐患排查的方式，隐患排查最主要的方式就是安全检查。

（3）隐患排查还有其他很多方式：设备巡回检查、运行分析、安全性评价、技术监督、检修预试、事故原因分析等。

二、问题、不符合与隐患的关系

（1）根据《安全生产事故隐患排查治理暂行规定》（国家安全生产监督管理总局令第16号）和《电力安全隐患治理监督管理规定》（国能发安全规2022〕116号），一般隐患和重大隐患的定义有所区别。

（2）“问题”和“不符合”是日常生活中发现问题的常用术语，它们代表可能导致人身伤害和（或）健康损害的根源、状态或行为，以及与之相关的风险。然而并非所有的问题和不符合都属于隐患。只有当问题或不符合可能导致的损失达到一定程度时，人身轻伤以及其他对社会产生影响的事故时，才能将其视为隐患。

（3）隐患可以视为较为严重的问题或不符合。隐患管理的关键环节包括隐患的认定、治理方案的制定、验收与评估、信息记录、通报和报送等，这些环节都是隐患管理的重要组成部分。

第四节　如何发挥依法治安的基础保障作用

风险管理的理论和实践仍在不断演进，对标规范化管理，完善企业的规章制度或体系文件等管理文件，并做好落实则是企业应遵循的准则，首先需要解决的是意识认知问题。

一、法律法规、标准规范的识别要求

（1）根据GB/T 33000—2016《企业安全生产标准化基本规范》，企业应有责任建立健全的制度，用于识别和获取适用于自身的安全生产法律法规、标准规范。这包括明确主管部门，以及确定获取信息的具体途径和方法。同时，企业需要确保能够及时地识别和获取适用的安全生产法律法规、标准规范。此外，企业还应将相关的安全生产法律法规、标准规范以及其他要求，及时、准确地传达给所有从业人员。在此基础上，企业须将这些法规、规范的相关要求及时转化为本企业的规章制度，以确保这些规定在各项工作中得到贯彻执行。企业应定期对安全生产法律法规、标准规范、规章制度、操作规程的执行情况进行审查和评估，以确保其有效性和可行性。还应关注相关领域的最新动态和发展趋势，以便及时调整和更新相关策略，从而更好地保障企业的安全生产。

（2）根据《重大电力安全隐患判定标准（试行）》（国能综通安全〔2022〕123号）第五条，“对其他严重违反电力安全生产法律法规、规章、政策文件和强制性标准，或可能导致群死群伤或造成重大经济损失或造成严重社会影响的隐患，有关单位可参照重大隐患监督管理。”这充分说明，一旦未能满足安全生产法律法规、规章、政策文件和强制性标准的要求，便极有可能是重大的安全隐患。

二、识别法规标准对安全生产的作用

对于企业而言，深入理解和遵守法律法规以及标准规范，对于保障安全生产具有至关重要的意义。这些法律法规和标准规范为企业提供了一套明确的行动指南，引导企业规范生产行为，从而降低事故发生的可能性。

1. 法律法规为企业明确了安全生产的责任范围

根据国家相关法律法规，企业负责人需全面负责本企业的安全生产工作，以保证安全生产工作的稳步推进。同时，法律法规还设定了企业在安全生产方面的权利与义务，使企业在生产过程中能清晰地认识到自身的职责所在，从而确保安全生产工作的有序进行。

2. 标准规范为企业提供了明确的安全生产操作方法

这些规范根据各行业的特性和安全生产的实际情况，为企业制定了一系列详尽的操作步骤和防范措施。借助这些指导企业在生产过程中能够严格遵守安全生产规定，有效降低事故发生的可能性。

3. 遵守法律法规以及标准规范能够有效提升员工的安全生产意识

通过对相关法律法规和标准规范的学习与传播，员工对安全生产的重要性有了更为深刻的理解，从而增强了员工的安全生产意识。在生产过程中，员工能够主动遵守安全生产规定，营造出良好的安全生产氛围，这无疑对企业的安全生产工作推进大有裨益。

4. 遵守法律法规和标准规范对于企业塑造良好社会形象至关重要

在生产过程中，企业如若严格遵守这些规定，不仅可以降低事故发生的风险，保障员工生命安全，同时也有助于提升企业在社会中的声誉，为企业的长远发展营造一个有利的环境。

三、按章办事和双预机制建设的关系

1. 遵循规章制度是构建双重预防机制的基石

严格遵守规定，切实执行程序，确保组织各项活动有序进行。同时，这一做法还能规避因个人行为失当引发的事故。在这样的基础上，企业能更有效地实施双重预防机制，通过运用技术手段和管理措施，防范事故发生。

2. 双重预防机制建设可以促进按章办事的落实

在双重预防机制的框架下，企业需制定一系列预防措施，明确各岗位的职责和权限，加强对组织成员的培训和指导，这将有助于提高组织成员对按章办事的认识和理解，促使其自觉遵守规定，按照程序开展工作。同时，双重预防机制还可以对组织成员的行为进行监督和约束，确保其按章办事，防止违规操作。

3. 按章办事和双重预防机制建设是相辅相成的

按章办事为双重预防机制建设提供了基础，而双重预防机制建设又促进了按章办事的落实。因此，组织在推进安全管理时，应注重二者的有机结合，以实现企业的安全生产目标。

第三章　水电企业作业风险分级管控实施方法

通过全面识别风险、准确评估风险、科学分级风险以及制定有效的管控措施，可以确保作业过程的安全稳定，提高生产效率，降低风险发生概率。同时，企业还应不断加强风险管控体系的建设和完善，以适应不断变化的环境变化和管理需求。

第一节　企业常用的风险辨识评估方法介绍

企业常用的风险辨识评估方法有很多，包括案例分析法、规范反馈法、系统分析法、专家经验法等，企业在选择风险辨识评估方法时，应结合自身实际情况和需求，综合考虑各种方法的优缺点和适用范围。

1. 案例分析法

通过对典型事故案例的分类、统计和整理，能够挖掘出导致事故发生的潜在风险因素及其规律。事故案例分析关注的核心要素包括事故发生的过程、事故发生的原因以及风险因素的概率和后果。在此基础上，可以总结事故的教训并提出预防措施。

2. 规范反馈法

依据行业相关法规和标准来确定分析结果。例如，可将 GB/T 13861—2022《生产过程危险和有害因素分类与代码》作为一般风险因素辨识的依据，并引用行业规范和标准作为行业风险因素的辨识依据。

3. 系统分析法

系统分析法从设备安全的整体出发，着眼于整体与部分、整体与结构、层次结构与功能、系统与环境等的相互联系和相互作用，以求得优化的整体目标。这是一种最大化实现设备安全的现代科学方法。目前，主要采用故障类型及影响分析（FMEA）、危险预先分析（PHA）、作业安全分析法（JSA）和事故树分析（FTA）等方法进行系统分析。

4. 专家经验法

此方法对照相关标准、法规、检查表，或凭借分析人员的观察分析能力和经验判断能力，直观地评价对象的危险性和危害性。虽然经验法在危险、危害因素辨识中常用且简便易行，但其缺点是受辨识人员知识、经验和现有资料的限制可能出现遗漏。为弥补个人判断的不足，常常采用专家会议的方式相互启发、交换意见、集思广益，使危险、危害因素的辨识更加细致、具体。

5. 头脑风暴法

头脑风暴法可以在一个小组内进行，也可以由各个单位的人员完成，然后将意见汇集起来。头脑风暴法用于风险辨识时，可提出类似这样的问题：如果进行工程项目，会遇到哪些危险，其危害程度如何。这种会议适合于所讨论的问题比较单一，目标比较明确的情况。如果问题牵涉面太广，包含的因素太多，那就要先进行分析和分解，然后再采用此法。对头脑风暴法的结果还要进行详细的分析，既不能轻视，也不能盲目接受。

6. 德尔菲法

德尔菲法又称专家背靠背经验法，是一种集中众智以预测未来的方法。该方法主要适用于那些难以用数学模型描述的风险识别过程。德尔菲法具有三个显著特点：首先，参与者之间保持匿名，避免个人因素对结果产生影响；其次，对各种反馈意见进行统计处理，以确保结果的客观性；最后，通过反复征询专家意见并带动反馈，以提高预测的准确性。

第二节　水电站的作业风险评估管控

企业在开展作业风险评估之前，应充分做好各项准备工作，并按照既定计划有条不紊地组织实施评估工作。在整个评估过程中，需严格遵循相关原则，并加强监督与指导工作，以确保形成高效、准确的工作成果。

一、风险识别与风险评估的组织程序

（一）风险识别的原则

（1）目标导向原则：风险识别的最终目标是通过全面而系统地识别，将风险控制措施融入日常的风险管理工作中。

（2）充分性原则：对于设备设施、工艺流程、作业岗位及环境氛围，需确保所查找到的风险因素全面且可靠。

（3）准确性原则：在风险识别过程中，需要准确地挖掘识别对象的自身特性，同时考虑其所在环境，分析可能产生的影响。

（4）系统性原则：鉴于可能存在交叉作业的问题，不能只针对单一对象进行识别，而应考虑整个系统可能存在的风险。

（5）预防性原则：从风险的定义中，可以看出整个管控过程应该具有前瞻性和预防性。

（二）制定分析流程

分析流程主要由计划准备、确定边界、识别危险和深入分析四个环节组成。

（1）计划准备：主要包括对相关资料的收集和整理。

（2）确定边界：即专业板块划分和后续的单元划分，涵盖风险管控目标及

对象的确定、风险管控的主要内容和计划，评估单元的划分和标准设定。

（3）识别危险：运用科学的识别方法对各风险项进行识别，同时包括风险信息及事故案例的收集，对识别出的风险进行筛选、分类和清单制作。

（4）深入分析：对识别出的风险进行后续的原因、结果等深入分析。风险分析的方法包括定性方法和定量方法等，见图3-1。

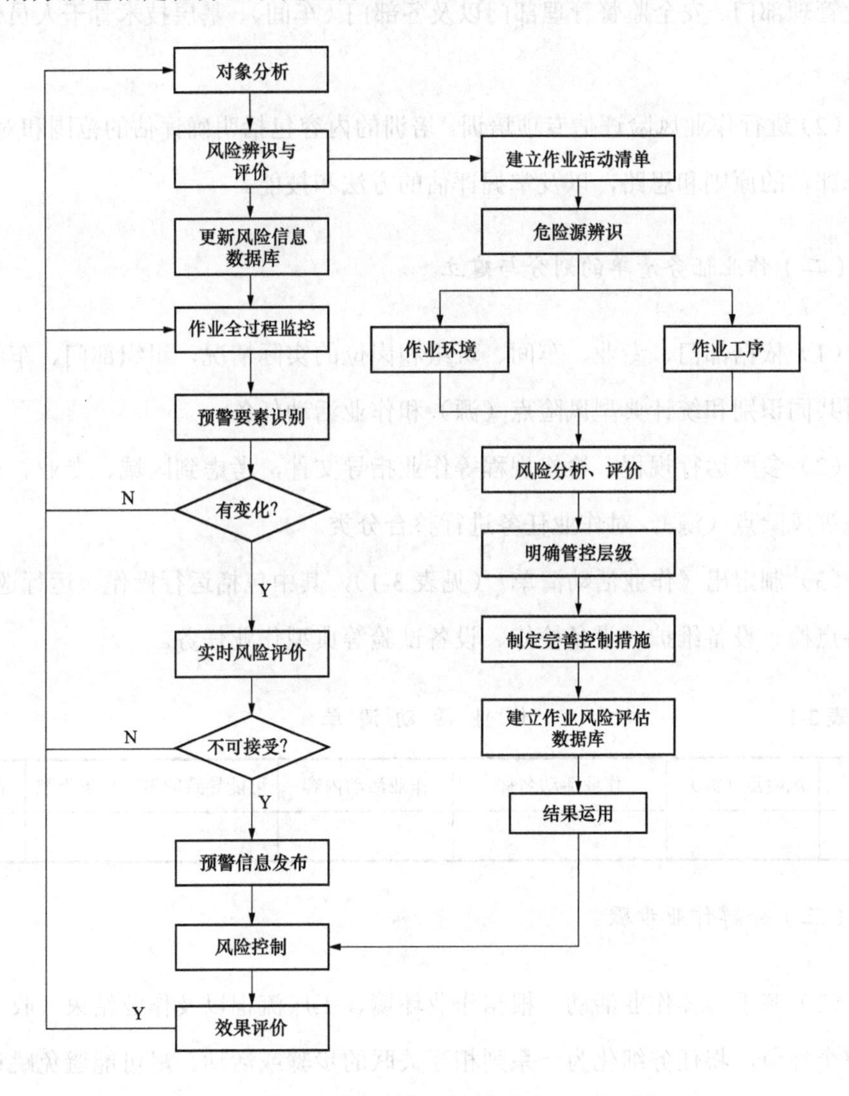

图3-1　作业风险评估组织实施及分级管控程序

二、前期准备

（一）作业风险评估的准备与危害辨识

（1）组建作业风险评估团队。由企业安全生产工作的分管领导担任组长，专业管理部门、安全监督管理部门以及各部门（车间）、基层技术骨干人员作为组员。

（2）进行作业风险评估专项培训。培训的内容包括明确评估的范围和对象，统一评估的原则和思路，以及掌握评估的方法和技能。

（二）作业任务清单的划分与建立

（1）依据部门、专业、车间、班组和岗位的实际情况，组织部门、车间、班组共同识别和统计典型风险点（源）和作业活动任务。

（2）参照运行规程、检修规程等作业指导文件，考虑到区域、专业、设备系统等风险点（源），对作业任务进行整合分类。

（3）制定出《作业活动清单》（见表 3-1），其中包括运行操作、运行巡检、设备点检、设备维护、设备检修、设备试验等典型作业任务。

表 3-1　　作业活动清单

序号	风险点（源）	作业活动名称	作业活动内容	可能导致的事故后果类型	备注

（三）分解作业步骤

（1）基于具体作业活动，根据作业环境、工序流程以及作业结束（收工）的整个环节，将任务细化为一系列相互关联的步骤或活动。尽可能避免跳过存在明显风险的工序。

（2）在完成作业任务步骤的分解后，相关内容应填写至《工作安全分析评价记录表》，见表 3-2。

表 3-2　　工作安全分析评价记录表

序号	风险点	作业活动名称	作业环境/步序	危险和有害因素	可能造成的后果	管控措施	风险评价				风险等级	管控层级	建议改进
							L可能性	E暴露频次	C后果	D风险值			
1			作业环境										
2			作业步序										
3													

三、危害辨识与风险评估

在进行危害辨识与风险评估时，需要对各个作业环境和工序进行详细的危害识别。针对每一步执行作业任务的过程，都应找出可能存在的危害因素，并将其填写到《工作安全分析评价记录表》中。参考 GB/T 13861—2022《生产过程危险和有害因素分类与代码》，从人、物、环、管四个方面进行危害因素分析。

（1）危害因素主要分为以下几类：

1）人的因素：包括心理、生理危险和有害因素，以及行为性危险和有害因素。

2）物的因素：涵盖物理性、化学性、生物性危险和有害因素。如物理性危险和有害因素包括设备、设施、工具、附件缺陷，防护缺陷，电伤害，噪声，振动危害等；化学性危险和有害因素包括爆炸品、压缩气体和液化气体、易燃液体、易燃固体等；生物性危险和有害因素包括致病微生物、传染病媒介物等。

3）环境因素：包括室内作业场所环境不良、室外作业场地环境不良、地下（含水下）作业环境不良，以及其他作业环境不良。

4）管理因素：如职业安全卫生组织机构不健全、职业安全卫生责任制未落实、职业安全卫生管理规章制度不完善、职业安全卫生投入不足、职业健康管理不完善等。

在潜在危险性预先分析方面，危险源转化为事故，其表现是能量和危险物质的释放。因此，可以通过衡量危险源的能量强度和危险物质的量，来评估其潜在危险性。能量包括电能、机械能、化学能等，危险源的能量强度越大，其潜在危险性也就越大。

（2）对于事故后果类型的划分，需要从四个方面进行考虑，包括人身伤害类、设备事故类、职业健康影响类以及环境事件类。

1）人身事故应按照 GB/T 6441—1986《企业职工伤亡事故分类》的 20 类填写。

a．物体打击：物体在重力或其他外力作用下产生运动，打击人体造成人身伤亡事故。不包括因机械设备、车辆、起重机械、坍塌等引起的伤害。

b．车辆伤害：企业机动车辆在行驶中引起的人体坠落和物体倒塌、飞落、挤压伤亡事故。不包括起重设备提升、牵引车辆和车辆停驶时发生的事故。

c．机械伤害：机械设备运动（静止）部件、工具、加工件直接与人体接触引起的夹击、碰撞、剪切、卷入、绞、碾、割、刺等伤害。不包括车辆、起重机械引起的伤害。

d．起重伤害：各种起重作业（包括起重机安装、检修、试验）中发生的挤压、坠落、物体打击和触电。

e．触电：包括单相触电、两相触电、跨步电压触电、接触电压触电、人体接近高压电和雷击触电等。

f．淹溺：包括高处坠落淹溺。不包括矿山、井下透水淹溺。

g．灼烫：火焰烧伤、高温物体烫伤、化学灼伤、物理灼伤。不包括电灼伤和火灾引起的烧伤。

h．火灾：指因燃烧产生的灾害。

i．高处坠落：在高处作业中发生坠落造成的伤亡事故。不包括触电坠落事故。

j．坍塌：物体在外力或重力作用下，超过自身的强度极限或因结构稳定性破坏而造成的事故。如挖沟时的土石塌方、脚手架坍塌、堆置物倒塌等。不适用于矿山冒顶片帮和车辆、起重机械、爆破引起的坍塌。

k．冒顶片帮：指矿山巷道或采矿现场的顶岩坍塌及石块崩塌事故。

l．透水：指矿山井下水害淹井事故。

m．放炮：是指爆破作业中发生的伤亡事故。

n．火药爆炸：是指火药、炸药及其制品在生产加工、运输、储存中发生的爆炸事故。

o．瓦斯爆炸：指煤矿由于瓦斯超限导致的爆炸事故。

p．锅炉爆炸：指锅炉因压力过大而发生的爆炸事故。

q．化学性爆炸：可燃性气体、粉尘等与空气混合形成爆炸性混合物，接触引爆能源时，发生的爆炸事故（包括气体分解、喷雾爆炸）。

r．其他爆炸：容器超压爆炸、轮胎爆炸等。

s．中毒和窒息：包括中毒、缺氧窒息、中毒性窒息。

t．其他伤害：除上述以外的危险因素，如摔、扭、挫、擦、刺、割伤和非机动车碰撞、轧伤等。

2）设备事故类则需要按照设备损坏、设备事故、一类障碍、二类障碍等进行填写。

3）在职业健康影响类中，需要参考《职业病分类和目录》中的十类 132 种名称进行填写。

4）在环境事件类中，需要按照大气污染、水体污染、土壤污染等类别进行填写。

四、评价方法

可以运用 JSA＋LEC 风险评估方法，对各类危害因素进行定性或定量评估，进而确定风险的大小和等级。通过“直接判定法”与“LEC”评价法相结合的方式，对风险等级进行更为精细的评估。

（一）直接判定法

如在评估风险等级时，符合以下原则的作业可以进行直接判定：

1. 重大风险主要包含

（1）可能导致一至三级人身事故的风险；

（2）可能导致一至四级电网、设备事故的风险；

（3）可能导致五级信息系统事件的风险；

（4）可能导致水电站大坝溃决、漫坝、水淹厂房的风险；

（5）可能导致较大及以上火灾事故的风险；

（6）可能导致负同等及以上责任的重大交通事故风险；

（7）其他可能导致对社会及公司造成重大影响事件的风险。

2. 较大风险主要包含

（1）可能导致四级人身事故的风险；

（2）可能导致五至六级电网、设备事件的风险；

（3）可能导致六级信息系统事件的风险；

（4）可能导致一般及以上火灾事故的风险；

（5）可能导致负同等及以上责任的一般交通事故风险；

（6）其他可能导致对社会及公司造成较大影响事件的风险。

3. 一般风险主要包含

（1）可能导致五级及以下人身事件的风险；

（2）可能导致七至八级电网、设备、信息系统事件的风险；

（3）其他可能导致对社会及公司造成影响事件的风险。

4. 当一个风险点中存在多个危险源，按最高风险等级划分

（二）企业还可以根据自身特性，针对性制定风险直接判定条件

例如，针对危险性较高的分部分项工程，可以参照住房和城乡建设部第 37

号令中的相关安全管理规定，制定相应的直接判定措施，如另一种作业风险直判条件如下：

1. 存在以下情形的，可直接判定为重大风险（红色）

（1）违反法律法规及国家标准中强制性条款的；

（2）发生过死亡、重伤、重大财产损失事故，或三次及以上轻伤、一般财产损失事故，且现在发生事故的条件依然存在的；

（3）作业人员在 10 以上的涉及危险化学品重大危险源以及具有中毒、爆炸、火灾等危险场所作业的。

2. 以下情形，至少判定为较大风险作业

（1）一级动火作业；

（2）一类有（受）限空间作业；

（3）一、二级吊装作业；吊装物体质量虽不足 40t，但形状复杂、刚度小、长径比大、精密贵重；起重机满负荷起吊、两台及以上起重机抬吊作业、移动式起重机在高压线下方及其附近作业、起吊危险品，超重、超高、超宽、超长物件等作业条件特殊的情况、大型起重机械组装和拆卸作业；

（4）三、四级高处作业，悬空作业、临边作业、攀登作业；

（5）开挖深度大于或等于 3m 的基坑土方开挖、支护、降水工程；开挖深度虽未超过 3m，但地质条件、周围环境与地下管线复杂，或影响毗邻构建筑物安全的土方开挖、支护、降水工程；

（6）脚手架搭设拆除作业（h＞15m），高处作业吊篮搭拆作业；

（7）其他危险性较大情况：交叉作业、高压带电作业、邻近高压带电体作业、水下作业以及经评估确定为较大风险等级的作业活动。

3. 以下情形，至少判定为一般风险作业

（1）二级动火作业；

（2）二类有（受）限空间作业；

（3）三级吊装作业；

（4）二级高处作业；

（5）开挖深度小于 3m 的基坑土方开挖、支护、降水工程；

（6）脚手架搭设拆除作业（6m＜h≤15m）；

（7）其他经评估确定为一般等级的作业活动。

注：一类、二类有（受）限空间为该企业内部开展的有（受限）限空间风险定级而确定，在此仅作参考。

（三）LEC 评价法

LEC 法判定方法见式（3-1）。

$$D=L\times E\times C \tag{3-1}$$

式中：D——表示风险度；

L——表示事故发生的可能性，判定准则见表 3-3；

E——表示人员暴露于危险环境中的频繁程度即“暴露率”，判定准则见表 3-4；

C——表示事故可能造成后果的严重程度，判定准则见表 3-5。

注：LEC 的评价内容和方法有很多，企业应明确自身的评价准则即分值、信息描述等。

表 3-3 事件发生的可能性（L）判定准则

分值	事件发生的可能性
10	完全可以预料。
6	相当可能；或危害的发生不能被发现（没有监测系统）；或在现场没有采取防范、监测、保护、控制措施；或在正常情况下经常发生此类事故、事件或偏差。
3	可能，但不经常；或危害的发生不容易被发现；现场没有检测系统或保护措施（如没有保护装置、没有个人防护用品等），也未做过任何监测；或未严格按操作规程执行；或在现场有控制措施，但未有效执行或控制措施不当；或危害在预期情况下发生。
1	可能性小，完全意外；或危害的发生容易被发现；现场有监测系统或曾经做过监测；或过去曾经发生类似事故、事件或偏差；或在异常情况下发生过类似事故、事件或偏差。
0.5	很不可能，可以设想；危害一旦发生能及时发现，并能定期进行监测。
0.2	极不可能；有充分、有效的防范、控制、监测、保护措施；或员工安全卫生意识相当高，严格执行操作规程。
0.1	实际不可能。

表 3-4　　暴露于危险环境中的频繁程度（*E*）判定准则

分值	频繁程度	分值	频繁程度
10	连续暴露	2	每月一次暴露
6	每天工作时间内暴露	1	每年几次暴露
3	每周一次或偶然暴露	0.5	非常罕见的暴露

注　1. 8h 不离开工作岗位，算“连续暴露”。
　　2. 8h 内暴露一次或几次，算“每天工作时间内暴露”。

表 3-5　　事件可能后果的严重程度（*C*）判定准则

分值	法律法规及其他要求	人员伤亡	直接经济损失（万元）	停工	企业形象
100	严重违反法律法规和标准	10 人以上死亡，或 50 人以上重伤	5000 万以上	企业停产	重大国际、国内影响
40	违反法律法规和标准	3 人以上 10 人以下死亡，或 10 人以上 50 人以下重伤	1000 万以上	装置停工	行业内、省内影响
15	潜在违反法规和标准	3 人以下死亡，或 10 人以下重伤	100 万以上	部分装置停工	地区影响
7	不符合上级或行业的安全方针、制度、规定等	丧失劳动力、截肢、骨折、听力丧失、慢性病	10 万以上	部分设备停工	企业及周边范围
2	不符合企业的安全操作程序、规定	轻微受伤、间歇不舒服	1 万以上	1 套设备停工	引人关注，不利于基本的安全卫生要求
1	完全符合	无伤亡	1 万以下	没有停工	形象没有受损

五、作业风险定级

将风险等级分为四个等级：重大风险、较大风险、一般风险和低风险。这四个风险等级按照从高到低的顺序排列，并分别用“红橙黄蓝”四种颜色进行标识，以直观地反映风险程度。

（1）在评估风险等级时，应将其与企业内部其他风险等级进行系统关联，以确保文件策划的系统性。根据《典型生产作业风险定级库》（示例）的要求，重点关注人身风险，并综合考虑设备重要程度、运维操作风险、作业管控难度以及工艺技术难度，从而确定各类作业的风险等级。在进行风险定级的过程中，参考了以下几个方面：

1）一级风险作业：同一作业面涉及7个及以上专业或5个及以上单位或7个及以上班组或作业人员超过80（含）人的大型复杂作业。

2）二级风险作业：同一作业面涉及5个以上专业或3个以上单位或5个以上班组或作业人员超过50（含）～80人的大型复杂作业。

3）三级风险作业：同一作业面涉及5个专业或3个单位或5个班组或作业人员达到30（含）～50人，风险等级不超过二级的大型复杂作业。

4）四级风险作业：涉及不超过4个专业或2个单位，或4个班组或作业人员达到10（含）～30人，风险等级不超过三级的大型复杂作业。

5）五级风险作业：单一班组、单一专业或作业人员不超过10人，风险等级不超过四级的检修作业。

注：以上作业风险定级要求同样是风险评估的风险等级直判条件，一些企业没有其他的风险作业等级关联，可忽略此内容。

（2）将红橙黄蓝四色风险与作业风险定级库（涵盖一至五级）进行了紧密关联，并将其纳入风险评估体系。原则上，采取如下对应关系，见表3-6。

表3-6　作业风险分级

风险分级	重大风险	较大风险	一般风险	低风险	
颜色	红	橙	黄	蓝	蓝
等级描述	极其危险	高度危险	显著危险	轻度危险	可接受危险
作业环境/工作步序风险值（D）	$D\geqslant 320$	$320>D\geqslant 160$	$160>D\geqslant 70$	$70>D\geqslant 20$	$20>D$
对应定级库中风险作业等级	一级（$D\geqslant 480$）、二级（$480>D\geqslant 320$）	三级	四级	五级	五级

六、管控措施制定

制定管控措施的基本原则如下所示。

在评估风险管控措施时，需要全面地考虑以下几个方面：措施的可行性、有效性、先进性、安全性和经济合理性。此外，还需确认风险是否已降低至可接受程度，评估是否会产生新的风险，以及确定是否已选择最佳的解决方案。为了实现这一目标，需要从工程技术措施、管理（行政）措施、教育培训措施、个体防护措施、应急处置措施等多个角度进行综合分析。同时，还需遵循一般控制措施的优先级，具体内容可参见表 3-7。

表 3-7　　一般的控制措施优先级

优先级	原则	控制措施
第一级	消除	不使用有毒有害的物质，彻底消除危险源
	替代	更换原材料、减轻质量、减轻重量，使用更安全的产品替换
第二级	减弱	减轻原材料使用质量、重量，降低浓度
	隔离	使用隔离/屏障/防护装置、实施进入控制、建立安全区等
第三级（增强）	工程控制	用装置来降低风险。围栏、现场通风排气、照明等
	减少接触	限制人员接触暴露风险之中的数量与时间、交替换班等
第四级（管理）	作业程序	实施作业安全程序、检查表及作业安全分析等
	行为纠正	通过实施现场行为安全观察、干预及沟通、来避免伤害事故的发生
第五级	PPE（个人防护用品）	安全帽、手套、呼吸保护、眼睑保护、安全鞋、防护服等

1. 工程技术措施

（1）消除或减弱：通过对设备、设施、工艺等的设计，从根本上消除潜在危险源。

（2）替代：用低危害物质替代或降低系统能量，如降低动力、电流、电压、温度等。

（3）封闭：对产生或导致危害的设施或场所进行密闭处理。

（4）隔离：通过设置隔离带、栅栏、警戒绳等物，将人与危险区域有效隔离，或采用隔声罩降低噪声。

（5）移开或改变方向：如危险及有毒气体的排放口应远离人员密集区域。

2. 管理（行政）措施

（1）制定实施作业程序、安全许可、安全操作规程等规范性文件。

（2）减少暴露时间（如避免接触异常温度或有害环境）。

（3）加强监测监控（尤其是高毒物料的使用）。

（4）设立警报和警示信号系统。

（5）构建安全互助体系。

（6）实施风险转移策略。

3. 教育培训

（1）提高员工风险意识，加强其对安全风险分级管控工作的理解。

（2）开展针对性的安全培训，提升员工的安全知识和安全技能水平。

（3）使员工掌握有效识别危害因素及危害分析评价方法，提高控制风险能力。

（4）确保员工了解本岗位安全风险及防控方法。

4. 个体防护措施

（1）个人防护用品包括：防护服、耳塞、听力防护罩、防护眼镜、防护手套、绝缘鞋、呼吸器等。

（2）当工程管控措施无法消除或减弱危险有害因素时，应采取防护措施。

（3）在处置异常或紧急情况时，考虑佩戴防护用品。

（4）发生变更时，若风险管控措施尚未及时到位，应考虑佩戴防护用品。

5. 应急处置措施

（1）制定紧急情况分析、应急方案、现场处置方案，准备应急物资。

（2）通过应急演练、培训等措施，确认和提高相关人员的应急能力，以防止和减少安全事故的负面影响。

七、作业风险分级管控

在企业风险管理中，利用企业四级管控体系分别针对不同风险等级进行精准把控。

（一）岗位级别

着重对低风险进行预防和监控，同时对一般风险和较大风险制定并落实严格的管控措施。

（二）班组级别

对低风险保持关注并指导监控，对一般风险实施管控，并对较大风险进行重点把控。

（三）部门（车间）级别

关注、指导并监督一般风险，同时对较大风险实施有效管控。

（四）企业级别

全面负责较大以上风险的管控，其中重大风险需上报至上级单位负责人审批。只有在风险降低至较大风险及以下，并已采取有效管控措施的情况下，方可进行作业或继续作业，见表 3-8。

表 3-8　　风险管控层级及管控要求

风险等级	管控层级	管控要求
重大风险	企业、部门（车间）、班组、岗位	（1）考虑“不能作业”“停止运行”等措施，尽量消除此级别风险。 （2）只有当风险已降低到较大风险及以下，并采取有效管控措施后，方可开始或继续作业。
较大风险	企业、部门（车间）、班组、岗位	（1）分析是否需要或是否能整改，如需，组织限期整改。 （2）四级管控（企业、部门/车间、班组、岗位）。 （3）作业前制定风险控制卡并经审批后办理工作许可。 （4）针对较大风险作业项目、环节制定“三措一案”，开具风险控制卡并经企业组织讨论、审批。 （5）较大风险由企业负责人审批。
一般风险	部门（车间）、班组、岗位	（1）分析是否需要或是否能整改，如需，组织限期整改。 （2）三级管控（部门/车间、班组、岗位）。 （3）作业前制定风险控制卡并经审批后办理工作许可。 （4）制定风险控制卡，并经企业组织讨论、审批。 （5）一般风险由车间负责人审批。
低风险	班组、岗位	（1）作业前制定风险控制卡经审批并办理工作许可。 （2）班组指定专人监护。
	岗位	作业前制定风险控制卡经审批并办理工作许可。

（五）分级管控其他要求

（1）企业根据作业环境、作业内容、气象条件等实际情况，对可能造成人身、电网、设备事故的现场作业（如上方高跨线带电的设备吊装、重要用户（含电厂）供电设备检修、涉及旁路代操作的检修、恶劣天气时的检修等）进行提级。同类作业对应的故障抢修，应提级管控。

（2）现场作业过程中，工作负责人、专责监护人应始终在作业现场，严格执行工作监护和间断、转移等制度，做好现场工作的有序组织和安全监护。工作负责人重点抓好作业过程中风险点管控，应用移动作业 APP 检查和记录现场安全措施落实情况。

（3）各级人员按照“谁的专业谁负责，谁的现场谁管控”原则严格到岗到位管理，实行实施主体、专业主体的分层分级管控，应用移动作业 APP 落实到岗到位。到岗到位人员对照到岗到位要求，加强对作业重要步序期间现场组织管理、人员责任和管控措施落实情况检查。分层分级管控原则和到岗到位要求：

1）五级风险作业（低风险）在风险因素较低或管控难度较小、管控措施执行到位的情况下可不设到岗到位人员，由作业实施单位（班组）自行安排管控。

2）四级风险作业（一般风险），项目管理单位负责人或管理人员在作业关键环节、重要步序（一般风险作业工序）和高风险时段到岗到位。

3）三级风险作业（较大风险），专业管理部门、车间负责人或管理人员应到岗到位。管理人员（专责及以上）全程在岗管控，安全监督管理部门管理人员（专责及以上）在作业关键环节、重要步序（较大风险作业工序）和高风险时段到岗到位。

4）二级及以上风险作业（重大风险），车间主要负责人或分管负责人、企业专业管理部门管理人员全程在岗管控，企业分管领导或专业管理部门有关负责人在作业关键环节、重要步序（重大风险作业工序）和高风险时段到岗到位，见表 3-9。

表 3-9　　风险管控到岗到位工作标准（示例）

项目	到岗到位范围	到岗到位人员
电网运行风险预警管控	（1）生产检修、信息通信施工引起的五级及以上电网运行风险	分管领导，生技、安监负责人、管理人员；电气车间负责人、管理人员；施工单位负责人、管理人员。
	（2）生产检修、信息通信施工引起的六级及以上电网运行风险	分管领导，生技、安监负责人、管理人员；专业车间负责人、管理人员；施工单位负责人、管理人员。
	（3）生产检修、信息通信施工引起的七级及以上电网运行风险	生技、安监负责人、管理人员；专业车间负责人、管理人员；施工单位负责人、管理人员。
作业安全风险预警管控	（4）三级作业安全风险	分管领导，生技、安监部门负责人；监理单位分管负责人，相关管理人员；施工单位分管负责人，相关管理人员；建管单位分管负责人，相关管理人员；施工项目部相关管理人员。
	（5）四级作业安全风险	生技、安监部门负责人，相关管理人员；监理单位分管负责人，相关管理人员；施工单位分管负责人，相关管理人员；建管单位分管负责人，相关管理人员。
	（6）五级作业安全风险	施工单位分管相关管理人员；建管单位分管相关管理人员。

5）各级到岗到位人员应严格履行标准要求，见表 3-10，并重点关注以下内容：

a．检查“两票”“三措一案”执行、安全风险控制卡措施落实情况。

b．安全工器具、个人防护用品使用情况。

c．大型机械安全措施落实情况。

d．作业人员不安全行为。

e．文明生产。

f. 到岗到位人员对发现的问题应立即责令整改，并向工作负责人反馈检查结果。

表 3-10　　领导干部现场到岗到位管控标准（示例）

序号	督导项目	环节	主要内容	单位领导（副总师级以上领导）	专业部门负责人	专业管理人员
1	组织管控	管控组织	查现场风险管控组织机构是否按要求设置，相关管理（牵头）、部门及人员是否明确；是否还存在风险管控盲区。	■	■	—

续表

序号	督导项目	环节	主要内容	单位领导（副总师级以上领导）	专业部门负责人	专业管理人员
2	组织管控	在岗管控	查相关单位、专业管理人员是否在岗管控，相关管理人员是否清楚现场的风险因素以及应管控的重点。	■	■	—
3		部署落实	查需要现场风险管控措施部署安排情况，重点防控措施是否部署并落实到位，相关单位及人员是否知晓。	■	■	■
4		协调管控	督导相关专业、单位风险管控工作协同情况，是否存在需要协调解决的问题。	■	■	■
5	计划管控	计划安排	查作业计划内容：是否是已审批发布的作业计划，是否存在作业计划工作内容与工作票、现场实际不符情况。	□	■	■
6		风险定级	查风险辨识、评估定级：是否存在风险辨识不到位、不全面或定级不准确等问题。	□	■	■
7		现场勘察	是否存在应勘未勘，或现场勘察情况与现场实际不符等情况。	□	■	■
8		方案审批	查“三措”、施工方案，是否存在应制定“三措”、专项施工方案的作业，事先未组织制定或不履行审批程序，未按规定执行“三措一案”等情况。	□	■	■
9	队伍管控	队伍符实	核实队伍情况，现场管理人员是否与报审一致，是否存在违法转包、违规分包、以包代管等情况。	□	■	■
10		作业管理	施工项目部或施工管理组织机构是否按要求，管理人员资质证照是否符合要求并与报审资料一致。	□	■	■
11		安全承载	现场作业队伍、人员安排是否满足安全作业需要，是否存在赶工期、超人员承载力施工情况。	□	■	■
12		装备配置	检查现场工器具（含安全工器具）、特种设备、特种车辆等装备设施情况，是否与报审资料相符，是否合格有效。	□	■	■
13	人员管控	人员准入	查准入情况，现场作业、监理人员（包含但不限于：工作负责人、班组长等）是否在平台已准入，经过考试且成绩时限有效。	□	■	■
14		人员资格	查现场作业两票涉及“三种人”资格，是否获“三种人”资格，并在风控平台予以明确标出。	□	■	■
15		持证上岗	查特种作业人员情况：登高作业、焊接、绞磨机操作手等特种作业人员证件，人证是否相符。	□	■	■

续表

序号	督导项目	环节	主要内容	单位领导（副总师级以上领导）	专业部门负责人	专业管理人员
16	人员管控	风险知晓	现场工作负责人、关键步序作业人员是否清楚作业风险点及管控措施要求。	■	■	■
17	作业实施	两票签发	查现场“两票”（含动火作业）等使用是否规范，签名齐全；是否规范履行审批手续；所列相关安全措施是否正确、完备且符合现场实际，满足工作安全要求。	□	■	■
18		安全交底	开工手续齐备，工作负责人依据工作票内容，向工作班成员详细交代工作内容、风险和现场安全措施；全体成员做到“四清楚”。	□	■	■
19		安措布置	查现场个人防护用具是否合格且正确佩戴；现场安全措施（接地线、围栏等）是否按要求设置，且满足现场安全作业需要；是否按要求装设并关联视频督查或管控智能终端。	□	■	■
20		工作组织	作业秩序是否严格，是否存在违章指挥、冒险作业或不听从指挥等问题；工作负责人、专责监护人等关键人员是否在岗履职。	■	■	■
21		文明施工	现场设备标志、各类警示标识清晰，符合规定要求；作业现场物资、工器具、车辆停放有序；作业人员防暑、防寒等（特殊气候、环境）医疗保障等后勤措施是否到位。	■	■	■
22		安全作业	作业现场是否存在违章作业情形；工作监护、间断及转移制度是否规范执行；是否存在超出作业范围，或未经批准擅自改变已设置的安全措施等情况。	□	■	■
23	作业终结	验收总结	工作验收、终结手续是否规范办理；班后会是否规范开展。	□	■	■

注　“■”表示必查项，“□”表示可查项，“—”表示可不查项。

八、作业现场风险预报预警

安全生产预测预警体系的建立与完善，应根据安全风险管理和事故隐患排查治理的实际情况，采用定量或定性的预测预警技术，以准确反映本企业的安全生产状况及其发展趋势，对可能的危险进行前瞻性预报。

（一）电力风险预警预控措施

（1）自动识别与预报：通过运用生产设备、仪器仪表等科技手段，实时监测并识别风险状态，进而提前预报潜在风险。

（2）人工识别与预报：针对需要人工识别的风险状态，风险预报人员需迅速捕捉风险信息，实时发布风险预警。

（3）预测预警预控：基于安全生产风险预报状况及风险状态变化趋势，适时发布预警信息，迅速消除或控制风险。

（二）作业安全风险预警管控原则

遵循“全面评估、分级管控”的工作原则，借助安全生产风险管控平台，实施全过程风险管理。

（三）企业风险预警管控工作机制

各专业管理部门负责本专业作业安全风险预警管控工作，包括组织风险评估、定级、审核与发布，以及落实风险管控措施。

（四）企业预测预警技术的应用

（1）充分利用预测理论，如系统分析、信息处理、建模、预测、决策和控制等，来分析未来安全生产的发展趋势，预判生产过程中可能面临的危险程度，并提醒相关单位采取有效措施预防事故的发生。

（2）应根据企业所在地的地域特点和自然环境状况，对可能因自然灾害引发事故灾难的隐患进行排查治理，并按照相关法律法规和规范标准的要求，采取可靠的预防措施，制定相应的应急预案。当接到有关自然灾害的预报时，应及时向下属单位发出预警通知。

（3）定期召开安全生产风险分析会议，对排查出的事故隐患进行分类分析，找出管理工作的不足之处，并进行安全生产管理预测预警，通报安全生产状况及其发展趋势。同时，应制定针对性的整改措施，完善管理工作，并保存好相关资料。

注：作业现场风险预报预警机制在第六章中进行介绍，在此不再进行表述。

九、评估结果的其他应用

将作业风险评估结果融入日常工作，与各项计划、标准、规程等同步推进、实施，重点关注以下方面的应用：

（一）较大及以上风险作业的管理

（二）作业许可程序

（三）作业风险控制卡的执行

（1）依据作业过程评估表，编制各项作业的《典型作业风险数据库》，进而构建了《典型作业安全风险分析库》。

（2）《典型作业风险控制卡库》中详尽且具体地列出了各工作步骤所需的风险控制措施。

（3）作业前，导出相应的典型作业风险控制卡并结合实际进行纠偏，附在作业指导书、检修文件包、工作票及操作票上。在工前会和作业前，根据具体工作进度进行安全交底，并严格执行。

（4）在生产过程中，作业人员须全面且认真地执行《作业风险控制卡》。

（5）作业人员应根据实际工作持续优化《典型作业风险控制卡》内容，以实现不断提升。优化后的作业风险控制卡在通过审核后，应及时更新到风险数据库中，节约开票时间，提高工作效率。

（四）培训活动的实施

（五）工作场所的优化改善

（六）生产工具的配备

（七）标准与规程的编制与修订

（八）监督检查及隐患排查

（九）应急管理的落实

十、风险公示与告知

企业建立并完善风险告知与公示的工作机制是至关重要的，这包括明确风险告知与公示的对象、形式和内容，以确保安全风险的告知与公示工作得以有效开展。

（一）风险告知

对于涉及安全风险的外部单位，应提前通知其风险事由、风险时段、风险影响以及措施建议等，并保留告知记录，以督促外部单位合理安排生产计划，做好风险防范。

（二）风险公示

对于存在安全风险的岗位和场所，应设立明显的风险公示标志，标识出风险内容、危险程度、影响后果以及事故预防和应急措施等内容。对于存在较大及以上风险的场所（或区域），应设置明显的安全警示标志，标识出风险的危险特性、可能发生的事件后果、安全防范和应急措施。此外还需根据风险的分布情况，绘制出本企业的四色风险空间分布图。

（三）风险报告

应建立安全风险报告工作机制，明确风险事件的分类报送时间要求、报送流程和报送内容，以规范开展安全风险报告工作。可参照的要求如下：

（1）内部报告：企业安委办每季度末须将本季度的风险管控情况报告给上

级安委办，每季度向企业安委会报告风险管控情况，每年向本企业职工作报告。

（2）发现重大风险应立即报告，报告流程须逐级上报至上级安委办和专业部门，报告内容应包括风险现状及其产生原因、风险的危害程度、风险管控措施。

（3）发现较大风险应立即报告，发现单位、部门应上报至企业安委办和专业部门，报告内容应包括风险现状及其产生原因、风险的危害程度、风险管控措施。

（4）对外报告：在企业负责人的审批同意后，相关专业部门、单位须及时向省市县政府主管部门、省能监办、上级单位报告重大风险。

十一、在变化、更新与持续改进

企业需对本企业的风险控制措施进行评估。若现有的风险控制措施无法将风险控制在可接受范围内，企业应通过强化风险识别和分级管理，从源头上消除事故隐患，降低事故发生的可能性。

（1）安全监督管理部门应对风险分级管控单元的实时状态和变化趋势进行实时监控。一旦出现异常，应及时向相关人员和部门发出预警信息，并通知责任部门进行协调处理。

（2）各部门、车间应关注内外部变化后所带来的安全风险状况，动态评估并调整安全风险等级和管控措施，确保安全风险始终处于可控范围内。企业风险评估和数据库调整工作原则上每年组织开展一次。当评估方法或数据库关键内容发生变化时，应根据计划进行调整。

（3）应建立风险评估数据库的动态管理机制。一旦发布风险评估数据库，应在企业主页、内部办公系统、生产现场等位置进行公示。同时，将安全风险管理培训纳入年度安全培训计划，分层次、分阶段组织员工进行培训，使员工掌握危险源辨识和风险评估方法、本岗位涉及的危险源和风险类别、风险评估结果、风险管控措施，并保存培训记录。

（4）通过风险分级管控体系建设，应在以下方面得到改进：

1）在每一轮的风险识别和评价后，应对原有的控制措施进行改进，或通过增设新的控制措施来提高安全性。

2）完善场所和部位的警示标志。

3）确保风险控制措施持续有效地改进和完善，提高风险管控能力。

4）根据改进的风险控制措施，完善隐患排查项目清单，使隐患排查工作更具针对性。

第三节 新型运检模式的作业风险分级管控

为应对“新型运检”（调相机检修维护）业务转型需要，致力于探索符合企业实际需求的安全管理模式，以实现规范化、标准化的管理。基于调相机检修维护点多、面广、战线长的特点，进一步研究风险分级管控和作业过程控制的相关要求、组织架构、人员配置、人员组成和工作面覆盖等方面可能存在的问题，制定了一系列风险预控措施。

一、安全生产责任与职责

遵循“党政同责、一岗双责、齐抓共管、失职追责”的原则，以及“管行业必须管安全，管业务必须管安全，管生产经营必须管安全”的理念，构建完善的安全生产责任制，确保企业全面承担安全生产主体责任。

（一）检修项目部的职责

(1）项目部需具备相应的资质等级，满足国家规定的安全生产条件，并获得安全生产许可证，以便在许可范围内合法从事电力施工活动。

(2）项目部应严格遵守安全生产法律法规和标准规范，对施工现场的安全生产负责。配备专（兼）职安全生产管理人员，并建立安全管理制度和操作规程。

(3）项目部应按照国家规定提取和使用安全生产费用，编制费用使用计划，确保专款专用。

（4）项目部应负责现场勘察，编制施工组织设计、施工方案和安全技术措施，并按技术管理相关规定报发包方同意。

（5）项目部技术人员需向作业人员进行安全技术交底，告知作业场所和工作岗位可能存在的风险因素、防范措施及现场应急处置方案。对于复杂自然条件、复杂结构、技术难度大及危险性较大的分部分项工程，编制专项施工方案并附安全验算结果，必要时召开专家会议论证确认。

（6）项目部应定期组织施工现场安全检查和隐患排查治理，确保施工现场安全措施落实到位，杜绝违章指挥、违章作业、违反劳动纪律行为发生。

（7）对于可能造成损害和影响的毗邻建筑物、构筑物、地下管线、架空线缆、设施及周边环境，项目部应采取专项防护措施。对于施工现场出入口、通道口、孔洞口、邻近带电区、易燃易爆及危险化学品存放处等危险区域和部位，采取防护措施并设置明显的安全警示标志。

（8）项目部需制定用火、用电、易燃易爆材料使用等消防安全管理制度，确定消防安全责任人，按规定设置消防通道、消防水源，配备消防设施和灭火器材。

（9）项目部应按照国家有关规定采购、租赁、验收、检测、发放、使用、维护和管理施工机械、特种设备，建立施工设备安全管理制度、安全操作规程及相应的管理台账和维保记录档案。

（10）项目部应组织开展安全生产教育培训工作。项目负责人、专职安全生产管理人员、特种作业人员需经培训合格后持证上岗，新入场人员应当按规定经过三级安全教育，并经考核合格后方可上岗作业。

（11）项目部需根据施工特点、范围，制定应急救援预案、现场处置方案，对施工现场易发生事故的部位、环节进行监控。

（二）安全管理机构设置

严格按照法律法规要求、合同/安全生产管理协议的约定设置安全管理机构，配备满足安全生产要求的各级安全生产管理人员和项目人员，重点关注：项目负责人和安全管理人员、特种作业人员和特种设备作业人员、项目人员的数量及能力、避免和减少人员频繁变化。

二、安全生产管理制度和操作规程

对各级负责人、各职能部门及其工作人员、各生产部门和各岗位生产工人在安全生产方面的责任和义务进行明确规定的制度，编制要求包括以下几点：

（1）应建立安全生产法律法规、标准规范的识别、获取制度，确保能及时识别、获取适用的安全生产法律法规、标准规范。

（2）根据国家有关安全生产的法律法规、标准规范以及建设单位的安全生产管理制度要求，制定适用于本项目的规章制度，从而使安全生产工作制度化、规范化、标准化。

（3）安全生产管理制度应包含工作内容、责任人（部门）的职责与权限、基本工作程序及标准等基本内容。

（4）除上述内容外，还应建立各项安全生产和职业卫生管理制度，包括但不限于以下内容：

1）目标管理；

2）安全生产和职业卫生责任制；

3）安全生产投入；

4）新技术、新材料、新工艺、新设备设施（四新）管理；

5）文件、记录和档案管理；

6）安全风险管理、隐患排查治理；

7）职业病危害防治；

8）教育培训；

9）班组安全活动；

10）特种作业人员管理；

11）设备设施管理；

12）施工和检维修安全管理；

13）危险物品管理；

14）危险作业安全管理；

15）安全警示标志管理；

16）安全生产奖惩管理；

17）应急管理；

18）相关方安全管理。

（5）在识别危险有害因素的基础上，应编制齐全适用的岗位安全生产和职业卫生操作规程，并将其发放至相关岗位作业人员，严格执行。

三、安全生产教育培训方面

设立专门的主管部门或责任人，负责定期评估并制定相应的安全教育培训计划。同时，必须确保有充足的资源来支持这些计划的实施，对培训效果进行持续验证、评估和改进。

（1）针对从业人员，定期提供与其岗位相关的安全教育培训，确保掌握必要的安全生产知识，熟练运用安全操作技能，熟知安全生产规章制度和操作规程，并能有效应对事故应急处理措施。对于岗位调整或使用新工艺、新技术、新设备、新材料的从业人员，应提供专门的安全培训。对发生负有主要责任的人身伤亡事故的相关负责人和安全生产管理人员，制定专门的再培训计划。

（2）公布经过安全培训、考试合格的工作票签发人、工作负责人、工作许可人。新入场人员在上岗前，必须接受岗前安全教育培训，考试合格后才能上岗。培训时间不得少于72h，每年再培训时间不得少于20h。培训内容应符合国家及行业有关规定，并保存完善的建设工程项目安全教育培训记录。

（3）特种作业人员和特种设备操作人员应按有关规定接受专门的培训，经考核合格并取得有效资格证书后，方可上岗作业。

（4）人员担任工作票“三种人”应经过发包方安全规程、运行和检修规程培训和考试合格。

四、双重预防机制构建

通过识别项目施工过程中的潜在危险和有害因素，采用定性或定量统计分析方法评估风险严重程度，进而确立风险控制的优先级和措施，同时加强隐患排查和治理，以实现改善安全生产环境、降低和消除安全生产事故的目标。具体措施和规定包括：

（1）按照分部分项工程划分评价单元，全面、充分地识别评价单元和作业活动过程中的危险源。危险源辨识范围涵盖：所有施工现场人员的活动。人的行为、能力和其他人的因素；施工现场内的设施、设备和材料，包括相关方提供的设施、设备和材料；施工过程中的各项变更，如材料、设备的变更等；工作区域、过程、装置、机械设备、操作程序和工作组织的设计。

（2）参与发包方进行的作业风险评估，全面识别作业过程中可能存在的危害因素，开展全面的作业风险评估，建立并运用作业风险数据库。施工环境、施工工艺和主要施工方案发生变化时，重新进行危险源辨识和安全风险评估。

（3）根据风险评估结果制定相应的管控措施，并组织实施。将安全风险评估结果、防范措施告知相关施工人员，在现场醒目位置，公示现场主要施工区域、岗位、设备、设施存在的危险源及安全风险级别，安全防护措施及应急救援措施，并设置符合要求的警示标志、标识。

（4）采取工程技术措施、管理控制措施、个体防护措施等对安全风险进行控制，并登记建档。

（5）公布作业活动或场所存在的主要风险、风险类别、风险等级、管控措施和应急措施，使从业人员了解风险的基本情况及防范、应急措施。对存在安全生产风险的岗位设置告知卡，标明本岗位主要危险有害因素、后果、事故预防及应急措施、报告电话等内容。对可能导致事故的工作场所、工作岗位，应当设置警示标志，并根据需要设置报警装置，配置现场应急设备设施和撤离通道等。同时，将风险的有关信息及应急处置措施告知相关方。

（6）调相机检修维护主要作业活动如下：

1）调相机抽转子；

2）调相机定子、转子检修；

3）调相机轴承检修；

4）盘车装置检修；

5）调相机空气冷却器检修、试验；

6）调相机穿转子；

7）检修中盘动转子；

8）热工元器件检修、试验；

9）调相机励磁系统控制柜停电、继电器校验、静态试验、动态试验；

10）调相机 SFC 系统控制继电器校验、静态试验、动态试验；

11）调变组保护装置校验、二次回路检查清理紧固；

12）调相机 DCS 系统检修；

13）调相机冷却系统检修；

14）油系统检修；

15）油、水、气管道检修；

16）除盐水系统检修；

17）有限空间内检修作业；

18）调相机定子直流电阻测量；

19）调相机定子绝缘电阻测量；

20）定子绕组交流耐压试验；

21）定子绕组端部模态测量；

22）转子绕组直流电阻测量；

23）转子绕组的绝缘电阻测量；

24）转子绕组交流耐压试验；

25）定子绕组端部电晕试验；

26）调相机封闭母线交流耐压；

27）调相机封闭母线绝缘电阻测量；

28）金属氧化物避雷器绝缘电阻测量；

29）中性点接地变绝缘电阻测量；

30）中性点接地变交流耐压试验；

31）中性点接地变绕组直流电阻测量。

（7）开工准备。

1）在开工前，提交作业人员名单，并接受发包单位的入场安全教育。只有通过考试，才能被允许进入现场。项目负责人、工程技术人员和安全员应参加发包方组织的项目安全技术总体交底，并将工程项目风险和职业病危害因素告知每一位作业人员，同时保留交底记录。

2）为确保施工项目的安全，制定与施工项目相适应的组织措施、技术措施、安全措施和现场处置方案。这些方案须经承包商项目部审核、发包单位项目管理部门审查备案。

3）如果发包方认定施工项目包含较大风险作业，应编写项目施工专项方案和施工方案。这些方案须经技术负责人批准，并向项目管理部门审查备案。对于危险性较大的分部分项工程，应由工程技术人员编制专项施工方案，并由项目部技术负责人审核签字。

4）在接受安全教育培训和项目安全技术交底等手续后，应通过发包方项目管理部门向相关部门办理车辆、人员出入证件。入场前应对起重机具、安全工器具、劳动防护用品、特种设备等进行检查、检验、试验，并建立台账。经发包方项目管理部门确认合格后，方可进入施工现场。

5）按要求向项目管理部门报送开工申请材料，办理开工手续。工作负责人应结合作业风险数据库和现场实际情况，进行工作安全分析，制定针对性的控制措施，并编制作业安全风险控制卡。

（8）作业许可。

1）在执行任何作业活动之前，必须办理作业许可，并根据作业的性质，正确地办理相应的作业许可文件。

2）在作业前，工作负责人需要核实《作业风险控制卡》的控制措施落实情况，并向工作班成员详细解释工作内容以及每一步骤的潜在风险和相应的控制措施，然后才能开始工作。

3）在作业过程中，工作负责人需要监护并督促工作班成员落实风险控制措施，及时纠正不安全的行为。还需要严格按照组织措施、技术措施、安全措施和计划要求进行施工，不得擅自改变。

4）不得擅自更换工程技术管理人员、项目负责人、安全管理人员，或关系到安全及质量的特殊工种人员。如果作业人员发生变动，应向项目管理部门报告，并获得批准，然后执行入场安全教育、交底等要求。

5）应积极学习并遵守发包方下发的安全文件、指示精神和事故通报等，按照要求开展安全活动和班前、班后会。

6）还需要遵守发包方的事故事件和应急相关管理要求。在事故事件发生后，应及时向发包方报告，并积极参与应急救援，配合做好调查处理工作。

7）对于发包方下达的《安全检查整改通知单》，承包商应在规定的期限内完成整改，并采取措施防止类似问题再次发生。

8）作业结束后，工作负责人应通知工作许可人共同到现场检查设备状况、有无遗留物件等，检查合格后恢复安全措施。同时，安全风险控制卡和工作票一同终结。

（9）较大风险作业执行要求。

1）较大风险作业项目开工前应根据影响范围对作业区域进行隔离，并设警示标识。

2）每日开工前工作负责人应结合当日工作内容重新进行安全技术交底。当风险发生变化时，工作负责人应重新进行风险分析及交底。

3）每日开工前工作负责人应重新做好安全设施、工器具、安全措施、作业环境的检查等工作。

4）项目部对较大风险作业进行全过程监督，严格反违章管理；对于重复违章人员或严重违章人员清退出场。

5）较大风险作业结束后，工作负责人应会同项目负责人共同检查较大风险作业区域，确认无问题后方可结束作业。

6）考虑到调相机检修维护点多、面广、战线长的特点，风险管控难度较大。对于一般风险以下的作业工序，项目部指派的专门人员，如项目经理、班（组）长，需全程在现场落实分级管控。对于存在较大风险的作业工序，必须在重要步骤开始前，将相关条件上报给企业生产技术部门和安全监督管理部门进行审核。在获得批准后，应全程利用APP进行监督，并采用企业级远程抽样监督方式进行管控。一旦发现作业过程中存在严重违章行为，将进行从重考核。在具备条件的情况下，应积极进行现场监督。敏感时期、重要时段应提级管控、指定专人到现场监督。

（10）隐患排查治理。

1）采用日常检查、定期检查、专项检查等方式组织隐患排查工作，范围应覆盖所有与作业相关的场所、人员、设备设施和活动，并每月对隐患排查治理情况进行统计、分析，建立隐患排查治理台账。

2）依据有关法律法规、标准规范等策划编制事故隐患排查表，制定各部门、岗位、场所、设备设施的隐患排查治理标准或排查清单，明确隐患排查的时限、范围、内容和要求，并组织开展相应的培训。

3）建立事故隐患排查治理信息档案，对隐患排查治理情况进行详细记录。运用隐患自查、自改、自报信息系统，通过信息系统对隐患排查、报告、治理、销账等过程进行电子化管理和统计分析，并按照当地安全监管部门和有关部门的要求，定期或实时报送隐患排查治理情况。遵循“谁主管、谁负责”和“全方位覆盖、全过程闭环”原则。

五、设备设施管理

（1）根据施工机械设备的特性和作业过程中可能存在的安全风险，制定并发布安全操作规程。这些规程至少应包含设备参数、操作程序和方法、维护保养要求、安全注意事项、巡回检查和异常情况处理规定等内容。

（2）建立健全的施工机械设备管理台账和管理档案。台账应明确记录机械设备的来源、类型、数量、技术性能、使用年限、使用地点、状态以及责任人等信息，并向发包方报备。

（3）对于大中型机械设备管理档案，其内容应至少包括验收（检验）资料、安全附件、安全保护装置、测量调控装置及附属仪器仪表的日常维护保养记录、设备运行故障和事故记录、交接班记录、运转记录、定期自行检查记录等。

第四节　水利水电工程风险识别与安全保障

水利水电工程施工是一个既复杂又严谨的过程，它需要通过实践来检验规划设计方案，以使工程完整建成并投入使用。这就要求将理论与实际相结合，因地制宜地分析和解决问题。在施工过程中，不仅要按照工程招标投标文件的技术要求和相关技术文件的规定，还要结合施工条件和规程规范，以实现规划设计的初衷。优质、高效、低成本的建设和投产。需要综合运用与水利水电建设相关的技术和管理要求。这包括但不限于对施工过程中的各种问题进行深入研究，对可能出现的风险进行预防和控制，以及对施工质量和进度进行严格监控。

一、风险识别

（1）风险识别是通过识别项目施工过程中的潜在危险和有害因素，并运用定性和定量统计分析方法，确定其风险严重程度。这有助于确定风险控制的优先顺序和措施，同时强化隐患排查治理，以改善安全生产环境，减少和杜绝安全生产事故。危险源识别范围应涵盖：

1）施工现场所有人员活动，包括分包方人员和其他进入现场的人员，以及人的行为、能力和其他人的因素。

2）施工过程中的各项变更，如材料、设备的变更等。

3）工作区域、过程、装置、机械设备、操作程序和工作组织的设计。

（2）建设单位应确保施工单位有足够的资金进行危险源识别、重大危险源检查、检测、监控和整改隐患等。施工单位应将此纳入安全生产费用计划，确保专款专用，投入到位。

二、水利水电工程施工的危险源分类

（1）施工作业活动类危险源：包括土方开挖、石方明挖、石方洞挖、边坡支护、洞室支护、斜井竖井开挖、石方爆破、砂石料生产、混凝土生产、混凝土浇筑、模板工程、钢筋工程、灌浆工程、化学灌浆工程、填筑工程、金属结构制作安装、水轮机安装、发电机安装、电气设备安装、一般建筑物拆除、围堰拆除等危险源。

（2）大型设备类危险源：包括通勤车辆、大型施工机械等危险源。

（3）设施、场所类危险源：包括脚手架、爆破器材库、油库油罐区、材料设备仓库、供水工程、供配电工程、通风工程、道路桥梁隧洞等危险源。

（4）建设单位在开工前，应组织施工、监理单位对本项目存在的危险源进行安全风险评估，对高处坠落、物体打击、车辆伤害、机械伤害、起重伤害、淹溺、触电、火灾、灼烫、坍塌、冒顶片帮、透水、放炮、火药爆炸、瓦斯爆炸、锅炉爆炸、容器爆炸、其他爆炸、中毒和窒息、其他伤害等事故类型的安全风险进行分类梳理、分析，综合考虑起因物、引起事故的诱导性原因、致害物、伤害方式等。

三、水利水电工程主要施工过程风险

（1）施工爆破：爆破器材质量不稳定，可能导致拒爆、早爆或爆燃；炮孔填塞长度不符合要求，可能导致爆炸飞石；石崩出飞入地面施工区，或地面爆破飞石相互飞入他方施工区；多头点火等。

（2）大件的起吊与安装：装拆时所搭台架固定不稳可能垮塌；门机安装完毕后如未按设计使用要求进行严格调试试吊投入使用可能断臂、落钩或倾覆伤人；大型起吊设备受大风天气影响大，可能造成吊物滑落、起吊操作作业失效故障等；起吊设备严重老化，安全装置严重缺乏，如无挡车器，行走声光报警不全，夹轨器不全，设置了夹轨器又未实现电气联动等；门机司机视野不开阔，有些部位看不到吊荷；工作场地昏暗，无法看清场地，导致事故发生；重件提升操作不当，过急，幅度过大，导致事故等。

（3）高边坡开挖：穿锚索及喷锚支护过程中，人员处于高空作业，随时有从作业平台坠落危险；松动危石，危石滑落；排架与岩石连接或绑扎不牢，作业时垮塌；雨季，地表雨水顺岩隙渗入，引起滑坡等。

（4）混凝土生产系统：容器在使用过程中，压力表失灵，造成泄漏；排液、排气的出口安排不合理，造成监控人员中毒；动火检修时易燃物处理不当，造成火灾甚至爆炸等。

（5）大模板的安装、使用、拆除。

1）在安装与拆除过程中可能施工混乱。

2）安拆现场若未设立安全围栏或进行有效的安全隔离，可能引发安全隐患。

3）在吊装大模板时，可能因雷雨天气而延误，对施工安全构成威胁。

4）若无法使用有效的通信设备，模板安装过程中的通信可能受阻。

5）在高处作业时，若工作人员未采取有效的安全防护措施，或安全意识不足，可能导致高处坠落事故。

（6）大型施工设备的安装、运行、拆除。

1）安装与拆除的空间与输电线路若未保持安全距离，可能给安装过程带来不便。

2）安拆工作范围内的设备上方若未设置防护栅，可能造成安全隐患。

3）在高空拆除结构件时，若未架设安全可靠的工作平台，可能导致垮塌事故。

（7）竖、斜井或洞室开挖施工。

1）顶拱、边墙的坍塌甚至冒顶，可能影响施工安全。

2）洞室开挖时，若洞体不稳定，可能导致坍塌事故。

3）在竖井开挖过程中，若未锁紧井口，可能导致坠物伤人伤物。

4）洞室交叉地段若未妥善安排开挖和支护程序，可能引发围岩失稳。

5）竖井若未妥善清理井壁和浮石，可能导致石渣坠落，对下方施工人员构成威胁。

（8）排架的搭设、使用、拆除。

1）在搭设与拆除过程中，若工作人员安全措施不到位，可能导致高空作业坠落。

2）在排架搭设交班时，若未确保排架稳定，可能导致排架垮塌。

3）在排架搭设和拆除时，若周围未设安全防护措施，可能造成过路行人被砸伤。

4）在排架拆除顺序上，若安排不当，可能导致重物坠落甚至排架垮塌。

（9）爆破器材库的运行与管理。

1）从事火工材料加工、保管人员若着装不合要求，如穿戴化纤品，可能导致器材库的爆炸。

2）火工材料的领取、运输、保存制度若不够严格，一旦出现纰漏，可能造成严重后果。

3）炸药与雷管不能同车混装，雷管需放在专用的防爆箱内，作业剩余的火工材料严禁私自存放，以保障安全。

四、风险评估与控制

在项目实施过程中，风险评估与控制是关键环节。建设单位有责任组织所有参建单位实施风险管控措施，对关键区域和重要部位的地质灾害进行详细评估和检查，对施工营地的选址布置方案进行风险评估。还需要与施工和监理单位共同研究，制定项目重大风险管理制度，明确重大风险的辨识、评价和控制职责，以及方法、范围和流程等要求。

（一）施工围堰

土石围堰应充分利用当地材料，以降低成本并简化施工过程。混凝土围堰通常采用重力式，在堰址河谷狭窄且堰基和两岸地质条件良好时，也可采用混凝土拱围堰。碾压混凝土围堰应注重成本低、工期短、工艺简单。对于低水头情况，可以考虑结合材料、环境保护和施工队伍情况，选用木笼、竹笼、草土围堰等类型。围堰结构设计荷载组合只需考虑正常情况。堰顶宽度应满足施工需求和防汛抢险要求。

（二）土石方明挖

土石方开挖应自上而下分层进行，分层厚度经过综合研究确定。水上水下分界高程可根据地形、地质、开挖时段和水文条件等因素分析确定。应在邻近建基面的常规开挖梯段爆破孔的底部及建基面之间预留保护层。设计边坡轮廓面开挖，应采取防震措施，如预留保护层、控制爆破等。若地基开挖的地形、地质和开挖层厚度有条件布置坑道时，在满足地基预裂要求的条件下可考虑采用辐射孔爆破。应合理安排减少二次倒运，堆渣不应污染环境。

（三）地基处理

地基处理应根据水工建筑物对地基的要求，认真分析水文、地质等条件，进行技术经济比较，选择技术可行、效果可靠、工期较短、经济合理的施工方案。灌浆施工场地面积除满足布置制浆系统、灌浆设备外，同时应考虑必要时补强灌浆的需要。

（四）料场选择、规划与开采

料场可根据枢纽布置特点选择多个料场进行比选。土石坝主要用料应至少有两个具备良好开采条件的料场。应根据质量优良、经济、就地取材、少占耕地的原则选择料场。

（五）地下工程

（1）地下工程施工方法及参数选择应以地下工程的围岩分类及产状构造特征和断面形状、尺寸为主要依据。处于松软地层的长隧洞根据地质、水文等条件可选用盾构掘进机。施工通道应根据地下工程布置、规模、施工方法、施工设备、工期要求、地形和地质等因素经过技术经济比较后选定。

（2）用钻爆法开挖隧洞时，施工方法应根据断面尺寸、围岩类别、设备性能、施工技术水平并进行经济比较后选定。导洞设置部位及分部分层尺寸应结合洞室断面、围岩类别、施工方法和程序、施工设备和出渣道路等分析后确定。

（3）在确保施工安全与工程质量的前提下，平洞混凝土衬砌的边墙、顶拱与底板衬砌顺序应予以明确。衬砌分段长度的确定，需要综合考虑围岩特性、浇筑能力、模板型式及建筑物结构特征等多方面因素。

（4）针对斜井与竖井混凝土衬砌分段的确定，也应在充分分析围岩特性、结构型式及浇筑方式等因素后进行。当围岩稳定性较差时，衬砌段长度应与开挖段长度保持一致，以便两者能够交替进行。此外，建筑物结构外形的变化处，可作为衬砌分段的界线。

（5）在水工隧洞中，灌浆操作应遵循先回填灌浆、后固结灌浆、再接缝灌浆的原则进行。

（六）施工临时设施

压力钢管和钢衬的制造方式应根据工程规模、交通运输条件以及加工制造能力进行技术经济比较以确定。电站机组的吊装应使用永久性起重设备，而水轮发电机组的安装则应与土建施工合理衔接，尽可能利用现有的场地进行大件预组装。附属设备在场内的起重和运输可以利用主机设备的设备，无须另行设置。主阀的安装则应根据主阀的重量、吊装设备的能力以及场地条件来确定是整体安装还是分件安装。

（七）施工场所设施

（1）应能够制备施工所需的建筑材料，供应水、电和压缩空气，建立工地内外通信联系，维修和保养施工设备，以及加工制作少量的非标准件和金属结构。施工场所的设计应逐步推广装配式结构，选用通用和多功能设备，并应计算各种施工工厂的生产规模、占地面积、建筑面积等。

（2）压缩空气系统的规划应综合考虑用气对象的分布、负荷特性、施工进度安排，以及管网压力损失和设置的经济性等因素，从而确定集中或分散供气方式。压气站的位置选择应尽可能靠近耗气负荷中心，接近供电和供水点，同时具备良好的空气清洁度、通风条件，以及交通便利性，并远离需要保持安静和防震的场所。

（3）生活和生产用水的供应方式应根据水质要求、用水量、用户分布、水源、管道和取水建筑物设置等情况，通过技术经济比较来确定集中或分散供水。对于可能因停电导致人身伤亡或设备事故，以及可能引发国家财产严重损失的一类负荷，应保证连续供电，并提供两个以上的电源。施工通信系统应满足迅速、准确、安全和方便的原则，其组成与规模应根据工程规模大小、施工设施布置以及用户分布情况进行确定。

（八）高处作业的安全防护措施

若高处作业下方或附近存在煤气、烟尘或其他有害气体，必须采取排除或隔离等措施，否则禁止施工。在进行高处作业前，必须对排架、脚手板、通道、马道、梯子和防护设施进行检查，确认符合安全要求后方可进行作业。在坝顶、陡坡、屋顶、悬崖、杆塔、吊桥、脚手架以及其他危险边缘进行悬空高处作业时，临空面应搭设安全网或防护栏杆。安全网应随着建筑物的升高而提高。在带电体附近进行高处作业时，必须保证距离带电体的最小安全距离，符合相关规定。进行高处作业的人员必须系好安全带。在高处作业下方，应设置警戒线或隔离防护棚等安全措施。脚手架、攀登高层构筑物时，应走斜马道或梯子，不得沿绳、立杆或栏杆攀爬。高处作业时，禁止坐在平台、孔洞、井口边缘，不得骑坐在脚手架栏杆、躺在脚手板上或安全网休息，不得站在栏杆外的探头板上工作或凭借栏杆起吊物件。特殊高处作业，应有专人监护，并配备与地面联系的信号或可靠的通信装置。在石棉瓦、木板条等轻型或简易结构上进行修补、拆装作业时，应采取可靠的防止滑倒、踩空或因材料折断而坠落的防护措施。

（九）脚手架搭拆

（1）脚手架的设计必须根据施工荷载进行，并在完成后由施工方和使用单位的技术质检及安全部门进行检查验收，只有合格的脚手架才能被投入使用。对于高度超过 24m 或位于特殊部位的脚手架，需要进行专门设计，并经建设单位（监理）审核、批准后，方可进行搭建和使用。在搭建过程中，应严格遵守设计图纸，并按照自下而上、逐层搭建、逐层加固的原则进行。

（2）拆除架子前，应将电气设备和其他管、线路，机械设备等拆除或加以保护。拆除架子时，应统一指挥，按顺序自上而下地进行，严禁上下层同时拆除或自下而上地进行，严禁用将整个脚手架推倒的方法进行拆除。拆下的材料，禁止往下抛掷，应用绳索捆牢，用滑车卷扬等方法慢慢放下，集中堆放在指定地点。拆除脚手架的区域内，无关人员禁止逗留和通过，在交通要道应设专人警戒。

（十）爆破作业

（1）在爆破器材的运输环节，应使用专用车辆押运，禁止使用翻斗车、自卸汽车、拖车、机动三轮车、人力三轮车、摩托车和自行车等运输爆破器材。

（2）在爆破环节，明挖爆破音响需依次发出预告信号、准备信号、起爆信号、解除信号。检查人员确认安全后，由爆破作业负责人通知警报房发出指令信号。如特殊情况下准备工作尚未结束，应由爆破负责人通知警报房延后发布起爆信号，并用广播器通知现场全体人员。装药和堵塞应使用木、竹制作的炮棍，严禁使用金属棍棒装填。信号炮响后，全体人员应立即撤出炮区，迅速到安全地点掩蔽。点燃导火索应使用专用点火工具，禁止使用火柴和打火机等。

（3）对于同一爆破网路内的电雷管，电阻值应相同。网路中的支线、区域线和母线彼此连接之前各自的两端应绝缘，雷雨天严禁爆破。有水时导线应架空。通电后若发生拒爆，应立即切断母线电源，将母线两端拧在一起，锁上电源开关箱进行检查。

（4）导爆索的切割需使用快刀，不得用剪刀剪断导火索。起爆导爆索的雷管，其聚能穴应朝向导爆索的传爆方向，连接导爆索中间不应出现断裂破皮、打结或打圈现象。

（5）在使用导爆管起爆时，应设计起爆网路，并进行传爆试验。网路中所使用的连接元件应经过检验合格。禁止导爆管打结，禁止在药包上缠绕。敷设后应严加保护，防止冲击或损坏。只有确认网路连接正确，与爆破无关人员已经撤离至安全区域，才准许接入引爆装置。

（十一）施工排水

（1）坡面开挖时，应根据土质情况，间隔一定高度设置戗台，台面横向应为反向排水坡，并在坡脚设置护脚和排水沟。土石方开挖工区施工排水应合理布置，选择适当的排水方法。采用明沟或明沟与集水井排水时，应在基坑周围，或在基坑中心位置设排水沟，每隔 30～40m 设一个集水井。边坡工程排水设施，应采用周边截水沟，一般应在开挖前完成。

（2）对于土方开挖，应重视边坡和坑槽的排水问题。在坡面开挖过程中，要根据土质特性，设定合适的戗台高度，并使台面呈反向排水坡状。同时，在坡脚处设置护脚和排水沟，以增强排水效果。对于石方开挖，应优化施工排水布局，选择适宜的排水方式。

（3）在基坑排水方面，采用深井（管井）排水方法时，应根据降水设计对管井的降深要求和排水量来选择。而在使用井点排水方法时，应选择合适的井点布置方式和地点。

（十二）常用工器具

常用具必须符合我国设定的质量标准，同时需拥有生产厂家的安全生产许可证、产品合格证以及安全鉴定合格证书，否则将禁止采购、发放和使用。为了确保安全防护用具的有效性，应定期进行检查和试验对于高处临空作业，必须按照规定架设安全网。作业人员所使用的安全带，应固定在坚固的物体上或可靠的安全绳上，严禁低挂高用。在可能存在有毒有害气体泄漏的作业场所，应配置必要的防毒护具，并定期检查、维修和更换，确保其始终处于良好的备用状态。

第四章　水电企业专项风险评估的思路和方法

通过提前识别潜在专项风险、制定针对性的专项风险管理策略以及提高风险应对能力，可以更好地应对各种风险挑战，确保企业的安全稳健发展。

第一节　设备设施风险评估方法和管控要求

设备设施风险评估和管控是保障设备设施安全运行和减少风险损失的重要手段。企业应加强对设备设施的风险评估和管理，不断提高风险评估的准确性和有效性，同时加强风险管控措施的实施和监督，确保设备设施的安全稳定运行。

一、前期准备

（1）梳理设备清单：首先，需要统计企业所有特种设备的信息，并形成《设备清册》（见表 4-1）。这些信息包括设备名称、型号、数量、生产厂家等，建立系统、设备及部件清单。

表 4-1　　设备清册

序号	机组/区域	系统	设备	部件	备注

（2）收集与设备故障风险评估相关的信息资料，包括：国家标准、行业标

准、设计规范、档案、台账、技术资料、厂家说明书以及相关事故案例、统计分析资料等。

二、故障模式及影响辨识分析

对每个部件存在的故障模式及其产生的原因、现象、故障后果影响等进行辨识与分析。

1. 采用定性或定量评估的方法确定故障模式的风险等级

故障模式风险等级分为“重大风险”“较大风险”“一般风险”“低风险”。采用故障类型及影响分析法（FMEA）方法进行评估分级。应按照上述条款及时辨识和评价并更新《设备风险评估表》（见表4-2）。

表4-2　　设备风险评估表－故障类型及影响分析法（FMEA）

序号	机组/区域	系统	设备	部件	故障模式	故障分析			故障发生可能性（L）	后果严重程度（S）	风险值	风险等级	控制措施
						故障原因	故障现象	故障影响					
1													
2													
3													

2. 设备风险评估表填写说明

（1）系统：将主机与辅机及其相连的管道、线路等划分为若干系统。

（2）设备：系统中包含的具体设备名称、编号，多台相同设备应分别填写。

（3）部件：最小的功能性部件。如阀门类分解到阀杆、阀芯、阀体、弹簧组件、填料密封装置等对阀门正常运行起到关键作用的部件。

（4）故障模式：部件所发生的、能被观察或测量到的故障形式。常见故障模式分为以下六类：

1）损坏型故障模式，如断裂、碎裂、开裂、点蚀、烧蚀、短路、击穿、变形、弯曲、拉伤、龟裂、压痕等；

2）退化型故障模式，如老化、劣化、变质、剥落、异常磨损、疲劳等；

3）松脱型故障模式，如松动、脱落等；

4）失调型故障模式，如压力过高或过低、温度过高或过低、行程失调、间隙过大或过小等；

5）堵塞与渗漏型故障模式，如堵塞、气阻、漏水、漏气、渗油、漏电等；

6）性能衰退或功能失效型故障模式，如功能失效、性能衰退、异响、过热等。

（5）故障原因：分析故障产生的原因。

（6）故障现象：部件发生故障引起的设备不正常现象：

1）功能的完全丧失；

2）功能退化，不能达到规定的性能；

3）需求时无法完成其功能；

4）不需求其功能时出现无意的作业情况。

（7）故障后果影响，包括：

1）对设备的损害，如对部件本身影响，对设备影响、对系统影响；

2）对人员的伤害，如对人员的健康损害、人身伤害；

3）导致违反法律法规；

4）事故事件，如火灾、泄漏、爆炸；

5）影响环境，水体影响、大气污染、土壤污染等。

3. 故障类型及影响分析法（FMEA）

（1）采用故障模式发生的概率（L）和故障模式可能造成的后果严重程度等级（S）矩阵组合（$L\times S$）。

（2）可能性（L）取值：设备故障发生的可能性分值，从经常发生（10分）到罕见的（0.1分）排序，分值越高，故障发生的可能性越高，见表4-3。

（3）后果（S）取值：由于设备故障可能造成后果的严重程度分值，严重程度越高，分值越高，见表4-4。

表 4-3　　　　　　设备故障发生的可能性分值

序号	设备故障导致后果的可能性	分值
1	经常发生：平均每 6 个月发生一次	10
2	持续的：平均每 1 年发生一次	6
3	可能的：平均每 1～2 年发生一次	3
4	偶然的：3 年～9 年发生一次	1
5	很难的：10 年～20 年发生一次	0.5
6	罕见的：几乎从未发生过	0.1

表 4-4　　　　　设备故障模式可能造成后果的严重程度分值

等级	严重程度水平	失效模式对系统、人员或环境的影响	分值
Ⅳ	灾难性的	可能潜在地导致系统基本功能丧失，致使系统和环境严重毁坏或人员伤害	10
Ⅲ	严重的	可能潜在地导致系统基本功能丧失，致使系统和环境有相当大的损坏，但不严重威胁生命安全或人身伤害	5
Ⅱ	临界的	可能潜在地导致系统基本功能退化，但对系统没有明显的损伤、对人身没有明显的威胁或伤害	3
Ⅰ	轻微的	可能潜在地导致系统基本功能退化，但对系统不会有损伤，不构成人身威胁或伤害	1

三、风险分级管控

确定故障模式的风险等级，故障模式风险等级分为重大风险、较大风险、一般风险、低风险四个等级，风险等级划分表见表 4-5。

表 4-5　　　　　　　设备风险等级划分表

序号	分值	风险等级	采取的主要控制措施
1	风险值≥30	重大风险	不可接受风险，检修、技改
2	10≤风险值＜30	较大风险	日常维护＋定期检修
3	5≤风险值＜10	一般风险	日常维护＋定期检修
4	风险值＜5	低风险	日常维护为主、定期检修为辅

四、风险评估结果的应用

（一）制定风险控制措施

风险控制措施分为日常维护措施和定期检修措施。由于设计、制造、运行等原因产生的故障模式，通过维护和检修等手段无法有效控制的，根据风险等级，制定相应的技术改造计划。对于每一种故障模式，制定发生故障后的临时处置措施和故障处理方法，重大风险等级的故障模式应制定应急预案。

（1）故障模式风险评估后，针对不同风险设备制定和完善控制措施，明确日常维护、定期检修以及故障处理的方法。

（2）改造计划：设备技术改造计划。

（3）临时措施及故障处理方法：临时的控制措施以及发生故障的处置方法或应急预案。

（二）风险管控要求

（1）根据分析结果判定低风险可接受，纳入日常维护措施。

（2）根据故障原因及后果，制定针对性风险控制措施。

（3）新设备的设计选型阶段，对该设备故障风险进行评估，合理进行设备选型，降低设备故障风险。

（4）设备采购阶段，根据该设备故障风险评估，从价格、性能参数、质量等综合考虑，降低设备故障风险。

第二节 职业健康风险评估方法和管控要求

职业健康风险评估方法和管控要求是一个复杂而重要的课题。需要综合运用多种手段和方法，全面评估职业健康风险，制定科学合理的管控措施，以保障劳动者的身心健康和企业的可持续发展。

一、职业危害因素普查

（1）职业危害因素普查范围包括生产活动和非生产活动的所有区域，以及所有区域作业的岗位（工种）序列。

（2）通过对所有区域、所有工种中所涉及的职业危害因素进行初步辨识，填写《岗位人员接触职业病危害因素辨识表》，见表 4-6。

表 4-6　　岗位人员接触职业病危害因素辨识表

序号	部门（车间）	岗位名称	区域/作业	危害名称	控制措施

（3）参考《职业病危害因素分类目录》确定存在的职业危害因素“危害类别”及“危害因素”。

（4）职业危害因素检测。

1）委托具备资质的检测单位制定方案开展现场检测。依据《岗位人员接触职业病危害因素辨识表》，明确各职业危害监测点位及数量，开展职业危害监测。

2）监测定点设定原则：监测点是指作业人员在生产过程中经常操作或定时观察易接触有害因素的作业点。

3）具体测量方法见相应的测量标准。

注：具备资质的检测单位根据部门实际存在的有害因素依据 GBZ/T 189 系列标准要求开展测量，如噪声的测点选择，应参考 GBZ/T 189.8《工作场所物理因素测量第 8 部分：噪声》中 3.4.1 的规定，“传声器应放置在劳动者工作时耳部的高度，站姿为 1.5m，坐姿为 1.1m”。

二、职业健康风险评估

（一）以职业病危害因素检测结果为主、参考企业职业病现状评估、职业病体检开展职业健康危害辨识及风险评估

（二）采取 SEP 法评估判定风险等级

（三）编制职业危害因素辨识评估表

各专业管理部门根据专业机构提供的检测报告划分的区域、工种、危害名称、危害种类以及采用作业风险评估法辨识出的后果、暴露、可能性、风险等级等内容填入《职业危害因素辨识评估表》，见表 4-7。

表 4-7　　职业危害因素辨识评估表

序号	部门/专业	工种	区域	危害因素	危害类别	危害信息描述	可能发生的职业病	风险等级分析				风险等级	现有的控制措施	建议采取的控制措施	管控层级
								后果	暴露	可能性	风险值				

1. 填表说明

（1）部门/专业：危害因素存在的部门/专业名称；

（2）工种：危害因素影响的工种名称；

（3）区域：危害因素存在的区域名称；

（4）危害因素；

（5）危害类别；

（6）危害信息描述：描述危害的相关信息，如产生危害的设备、地点、存在的测量值、发生的频次、影响人员、暴露时间、后果、曾经是否发生过事故事件等；

（7）可能发生的职业病：描述可能发生的职业病，参见《职业病危害因素分类目录》；

（8）风险等级：根据风险值确定风险等级；

（9）现有的控制措施；

（10）建议采取的措施；

（11）管控层级。

2. 风险值计算方法

（1）风险值计算需从三个因素考虑，即危害可能造成后果的严重程度、暴露于危害因素中的频繁程度、危害发生的可能性，形成完整的事故序列。

（2）风险值按公式（4-1）进行计算。

$$风险值（R）=后果（S）\times 暴露（E）\times 可能性（P） \tag{4-1}$$

式中：R——风险值；

S——危害可能造成后果的严重程度；

E——暴露于危害因素中的频繁程度；

P——危害发生的可能性。

（3）后果（S）取值：由于危害可能造成后果的严重程度分值，从灾难（100分）、各种程度严重性到轻微（1分），见表4-8。

（4）暴露（E）取值：暴露于危险因素中的频繁程度分值，从最高的10分到最低的0.5分，见表4-9。

（5）可能性（P）取值，一旦危害事件发生，随时间形成完整事故顺序并导致后果的机会（危害事件导致后果的可能性）分值，从最可能发生完整事故顺序的10分，到“百万分之一”或实际上不可能发生的0.1，见表4-10。

表4-8　危害可能造成后果的严重程度分值

序号	职业健康后果	分值
1	灾难性：造成3～9例无法复原的严重职业病；造成9例以上很难治愈的职业病	100
2	严重：造成1～2例无法复原的严重职业病；造成3～9例以上很难治愈的职业病	50
3	危险：造成1～2例难治愈的职业病或造成3～9例可治愈的职业病；造成9例以上与职业有关的疾病	25

续表

序号	职业健康后果	分值
4	一般的：造成1～2例可治愈的职业；造成3～9例与职业有关的疾病	15
5	次要：造成1～2例与职业有关的疾病；造成3～9例有轻微影响健康事件	5
6	轻微：1～2例有轻微影响健康事件	1

表4-9　　　　暴露于危害因素的频次分值

序号	职业健康后果	分值
1	暴露期大于3倍的法定极限值	10
2	暴露期介于2～3倍法定极限值之间	6
3	暴露期介于1～2倍法定极限值之间	3
4	暴露期介于正常允许水平和OEL（职业接触限值）之间	2
5	暴露期低于正常允许水平	1
6	暴露期远小于允许水平	0.5

注　法定极限值见GBZ 2.1—2019和GBZ 2.2—2007、附表5。

表4-10　　　　危害发生的可能性分值

序号	职业健康导致后果的可能性	分值
1	频繁：平均每6个月发生一次	10
2	持续的：平均每1年发生一次	6
3	经常的：平均每1～2年发生一次	3
4	偶然的：3～9年发生一次	1
5	很难的：10～20年发生一次	0.5
6	罕见的：几乎从未发生过	0.1

（四）确定风险等级

（1）根据计算得出的风险值，可以按下面关系式确认其风险等级和应对措施。分别为“重大”“较大”“一般”“低”“可接受”，“重大”对应颜色为“红色”“较大”对应颜色为“橙色”“一般”对应颜色为“黄色”“低”对应颜色为“蓝色”，风险等级划分见表4-11。

表 4-11　　　　风 险 等 级 划 分 表

序号	分值	风险等级	是否需要采取措施
1	400≤风险值	重大风险	考虑放弃、停止
2	200≤风险值<400	较大风险	需要立即采取纠正措施
3	70≤风险值<200	一般风险	需要采取措施进行纠正
4	20≤风险值<70	低风险	需要进行关注

（2）各车间应明确分级管控责任，其中，200 小于或等于风险值及以上的企业级监督管控，70 小于或等于风险值小于 200 部门（车间）监督管控，风险值小于 70 的班组监督管控。

三、职业健康风险控制措施

（1）根据确定的风险和风险涉及的人员、设备暴露情况，梳理目前已有的控制措施，并填写《职业危害因素辨识评估表》中“现有的控制措施”一栏，包括：工程技术、规章制度、规程规定、安全标志、人员教育培训、个人防护、应急措施、应急预案等控制措施。

（2）最终基于风险等级及对于现有控制措施的分析，如需在现有控制措施的基础上另行增加控制风险的措施，填入《职业危害因素识别评价表》的“建议采取措施”栏中。

（3）制定风险控制措施应遵循下列顺序：消除，替代，转移，工程（改造、修理等），隔离，行政管理（程序、检查、保养及培训等），个人防护。如表 4-12 一般的控制措施优先级。

表 4-12　　　　一般的控制措施优先级

优先级	原则	防护措施
第一级	消除	不使用有毒有害的物质，彻底消除危险源
	替代	更换原材料、改变代销、减轻质量、减轻重量，使用更安全的产品替换

续表

优先级	原则	防护措施
第二级	减弱	减轻原材料使用质量、重量，降低浓度
	隔离	使用隔离/屏障/防护装置、实施进入控制、建立安全区等
第三级（增强）	工程控制	用装置来降低风险。围栏、现场通风排气、照明等
	减少接触	限制人员接触暴露风险之中的数量与时间、交替换班等
第四级（管理）	作业程序	实施作业安全程序、检查表及作业安全分析等
	行为纠正	通过实施现场行为安全观察、干预及沟通、来避免伤害事故的发生
第五级	PPE（个人防护用品）	安全帽、手套、呼吸保护、眼睑保护、安全鞋、防护服等

四、职业健康风险评估结果应用

（1）控制职业健康危害因素。通过对职业危害因素辨识与评估，找出关键控制点，有效落实评估表中的控制措施，对职业危害因素风险实施精准控制。

（2）组织开展职业卫生教育培训。根据评估结果及制定的控制措施，对相关岗位人员进行宣传与培训，确保控制措施能落到实处；通过公示评估结果，让员工能够一目了然地了解岗位所涉及的职业危害因素和防控方法。

（3）完善操作规程或标准。针对控制措施优于规程或规范，或采取新的控制措施的，则应及时修订完善规程、规范。

（4）开展设备、设施改造。针对当前控制措施不完善，需要对职业健康防护设备、设施、工艺流程进一步完善，提出建议改进措施。

（5）加强监督检查。将职业危害控制措施，特别是一些长期措施纳入检查表，为日常检查提供依据。

（6）编制应急预案或处置方案。辨识出来的较大的紧急情况职业健康风险可以作为应急预案编制时紧急事件辨识的输入，作为现场处置方案和应急物资采购的依据。

（7）制定个人劳动防护用品发放标准。根据员工作业活动所接触的职业危害因素，确定和调整个人劳动防护用品配备标准。

（8）健全职业健康监护管理，根据辨识评估出的职业危害因素，为员工选择相对应的职业健康体检项目，并与员工职业健康体检内容纳入职业健康监护档案。

第三节　交通安全风险评估方法和管控要求

交通安全风险评估方法和管控要求是提高交通安全管理水平的关键环节。通过科学的评估方法和严格的管控要求，能够及时发现和应对交通安全风险，确保人民群众的生命财产安全。

一、危害因素辨识

（1）将行车路线按照不同风险的路段进行划分，再进行危险源辨识和分析，制定、完善控制措施。

（2）建立道路风险地图，对道路进行风险评估，用“红橙黄蓝”预警色绘制在地图上、明确重点风险路段及限速要求。

（3）运用 GPS 监控管理。及时掌握路况风险及车辆风险、对高风险路段及车辆实施重点监控。

（4）考虑到企业的实际情况，此方法只是体现了交通风险评估的辨识、分析，重点是找出危险源，制定控制措施，并未进一步开展风险评价划分风险等级的工作。

二、风险评估

（一）编制《交通风险评估表》

交通危害因素辨识评估表见表 4-13。

表 4-13　交通危害因素辨识评估表

序号	行车路线	路段	危害/风险信息描述	可能导致的后果	控制措施

（二）交通风险评估表内容组成

（1）行车路线：具体包括企业上下班班车途经路线、企业外出工作现场，可能途经的行车路线、厂内大型车辆行车路线等。

（2）路段：将行车路线分为若干路段（如××企业××路线班车可分成的地段包括：××企业－××路口、××路口－××路口、××高速等）。

（3）危险源/风险信息描述：可能造成事件后果的情况，包括驾驶人员可能的违章行为、车辆可能的异常状态、可能有的异常天气或夜晚行车等，以及在该路段最可能遇到的危险路况，如××路段地基下沉、山路、行车拥挤、行人穿越马路、路面陡峭、临近悬崖、牛羊等。

（4）可能导致的后果：当人们凭经验知道，特定危险源多数情况下会导致怎样的后果时，就取这个后果的严重程度。当有两种可能的后果而无法把握确定是哪一种时，可按“就重不就轻”的原则确定严重程度。

（5）控制措施：按照风险控制层次理论明确控制措施，主要包括工程技术措施（车辆的 GPS 系统），管理措施（车辆定期维护保养、定期检查、及时维修、规定车速、规范佩戴安全带等要求），培训教育措施（各类有针对性的培训），个体防护措施（如厂内叉车需要佩戴安全帽等），应急处置措施（编制预案、定期演练等）等。

三、风险管控机制

（1）通过风险分级管控体系建设，执行交通风险评估结果确定的对策，每年基于问题风险、持续风险评估并根据实际情况进行更新、回顾与评估。对策实施后的再评估，仍用上述流程开展，直至风险降低至可接受范围。

（2）风险评估结果结合实际具体应用。

1）规范建立机动车辆和驾驶员管理台账。

2）按周期和机动车辆完好性开展定期车辆安全检查和驾驶员技能、状态排查。

3）组织开展交通安全培训，加强驾驶员思想、技术能力培训和职工工余安全培训教育。

4）完善操作规程或标准。针对控制措施优于规程或规范，或采取新的控制措施的，则应及时修订完善规程、规范。

5）加强监督检查。将交通危害控制措施，特别是一些长期措施纳入检查表，为日常检查提供依据。

6）编制应急预案或处置方案。辨识出来的交通风险可以作为应急预案编制时紧急事件辨识的输入，作为现场处置方案和应急物资采购的依据。

第四节　企业火灾风险评估方法和管控要求

企业火灾风险评估和管控是一项系统性、长期性的工作，需要企业高度重视并付诸实践。通过科学有效的方法进行火灾风险评估，制定合理的管控要求，并加强执行和监督，企业可以显著降低火灾风险，确保生产安全，保障员工和企业的生命财产安全。

一、火灾危害因素辨识

（1）火灾危害因素辨识范围包括生产活动和非生产活动的所有区域。区域，指存在火灾风险的地点。通过对所有区域中所涉及的火灾危害因素进行初步辨识。

（2）火灾风险评估采用规范反馈法等进行火灾危险源辨识，采用定性评价方法进行风险评价，根据风险分级管控的要求明确管控措施和管控层级。

二、风险评估

（一）编制《火灾风险评估表》

火灾风险评估表见表 4-14。

表 4-14　　火灾风险评估表

序号	区域	部位	火灾源	火灾类型	灭火资源	可能影响范围	现有控制措施	消防安全重点部位	火灾危险等级	固有风险等级	管控层级	建议控制措施
1												

（二）火灾风险评估表内容组成

1. 火灾源

引发火灾的可能来源，如：设备爆炸起火、焊接起火、气割起火、化学物质反应起火、吸烟起火、设备过热起火、电短路或接地起火、用电设备老化起火、废物长时间堆放自燃起火、外界火源引起等。

2. 火灾类型

（1）A 类火灾：固体物质火灾；

（2）B 类火灾：液体火灾或可熔化固体物质火灾；

（3）C 类火灾：气体火灾；

（4）D 类火灾：金属火灾；

（5）E 类火灾：带电火灾（物体带电燃烧的火灾）；

（6）F 类火灾：烹饪器具内的烹饪物（如动植物油脂）火灾物体带电燃烧的火灾。

3. 现有的灭火资源

指在所调查与评估的区域目前配置的灭火设备、设施与器材，器材类的需要明确具体名称、型号和数量。

4. 可能影响的范围

火灾发生后可能波及的区域。

5. 现有控制措施

按照风险控制层次理论明确控制措施，主要包括工程技术措施（防火墙等），管理措施（如禁止动火作业、严禁存放易燃易爆物、定期检查、定期试验等），培训教育措施（各类有针对性的培训），个体防护措施（应急劳动防护用品），应急处置措施（如需要编制专项应急预案或现场处置方案、此区域内人员要每季度开展一次应急演练、如此处发生火灾需要外部力量救援处治）等。

6. 是否列为消防安全重点部位

符合 DL 5027—2015《电力设备典型消防规程》4.2.2 判定为消防安全重点部位的，或企业认定为消防安全重点部位的。

（1）火灾危险等级：根据 DL 5027—2015《电力设备典型消防规程》《建（构）筑物、设备火灾类别及危险等级》，将电力行业的建（构）筑物和设备的火灾危险等级分为严重、中、轻三个级别。

（2）固有风险等级：固有风险等级不考虑控制措施，只考虑后果严重程度根据风险分级管控要求，根据火灾危险等级和是否为消防安全重点部位判定区域/设备的火灾风险等级，并遵循从严从高的原则：

1）重点防火部位的火灾风险等级判定为较大风险（橙色）；

2）火灾危险等级为严重的，风险等级判定为重大风险（红色）；

3）火灾危险等级为中的，风险等级判定为一般风险（黄色）；

4）火灾危险等级为轻的，风险等级判定为低风险（蓝色）。

（3）建议措施：指当前控制措施不充分、无法满足风险管控要求，或此处风险较高需要采取新的措施降低风险等级。

三、风险分级管控机制

（1）根据企业风险分级管控原则落实分级管控责任，其中较大及以上风险由企业组织管控，一般风险由部门（车间）级组织管控，低风险由班组级、岗位组织管控，涉及重点防火部位应匹配管控责任层级的同时，落实相关责任人、明确职责。

（2）通过风险分级管控体系建设，执行火灾风险评估结果确定的对策，每年基于问题风险、持续风险评估并根据检测或生产实际情况进行更新、回顾与评估。对策实施后的再评估，仍用上述流程开展，直至风险降低至可接受范围。

四、危害辨识风险评估结果应用

火灾风险评估结果应用，包括但不限于以下内容：

（1）梳理重点防火部位，并落实相关管理措施和要求，落实责任。

（2）按周期开展消防安全巡查和检查，并落实完善各部位消防安全设备设施。

（3）组织开展消防安全培训。根据评估结果及制定的控制措施，对相关岗位人员进行宣传与培训，确保控制措施能落到实处；让员工能够一目了然地了解不同部位的火灾风险和防控方法。

（4）完善操作规程或标准。针对控制措施优于规程或规范，或采取新的控制措施的，则应及时修订完善规程、规范。

（5）加强监督检查。将火灾危害控制措施，特别是一些长期措施纳入检查表，为日常检查提供依据。

（6）编制应急预案或处置方案。辨识出来的火灾风险可以作为应急预案编制时紧急事件辨识的输入，作为现场处置方案和应急物资采购的依据。

第五章　企业事故隐患排查治理的实施和落实

企业事故隐患排查治理的实施与落实是一项复杂而重要的工作。企业需要制定科学的排查治理流程，注重实效和数据分析，并借鉴成功经验和做法，不断完善和提升企业的安全管理水平。

第一节　水电企业事故隐患排查治理的要求

水电企业作为国家关键基础设施，肩负着为社会供应清洁、可再生能源的重要使命。然而，鉴于水电企业所特有的生产环境与复杂的工艺过程，一旦发生事故往往伴随着重大的人员伤亡与财产损失。因此，水电企业必须高度重视并切实开展事故隐患的排查治理工作，以保障生产的安全与稳定。

一、企业事故隐患排查治理的政策法规

（一）《中华人民共和国安全生产法》（中华人民共和国主席令第88号）

（1）生产经营单位的主要负责人对本企业安全生产工作负责组织建立并落实安全风险分级管控和隐患排查治理双重预防工作机制，督促、检查本企业的安全生产工作，及时消除生产安全事故隐患。

（2）生产经营单位的安全生产管理机构以及安全生产管理人员负责检查本企业的安全生产状况，及时排查生产安全事故隐患，提出改进安全生产管理的

建议。

（二）《中华人民共和国职业病防治法》（中华人民共和国主席令第 24 号）

生产经营单位应当建立健全并落实生产安全事故隐患排查治理制度，采取技术、管理措施，及时发现并消除事故隐患。事故隐患排查治理情况应当如实记录，并通过职工大会或者职工代表大会、信息公示栏等方式向从业人员通报。其中，重大事故隐患排查治理情况应当及时向负有安全生产监督管理职责的部门和职工大会或者职工代表大会报告。

（三）《中华人民共和国突发事件应对法》（中华人民共和国主席令第 69 号）

所有单位应当建立健全安全管理制度，定期检查本企业各项安全防范措施的落实情况，及时消除事故隐患；掌握并及时处理本企业存在的可能引发社会安全事件的问题，防止矛盾激化和事态扩大；对本企业可能发生的突发事件和采取安全防范措施的情况，应当按照规定及时向所在地人民政府或者人民政府有关部门报告。

（四）《国务院关于进一步加强企业安全生产工作的通知》（国务院国发〔2010〕23 号）

及时排查治理安全隐患。企业应经常性开展安全隐患排查，并切实做到整改措施、责任、资金、时限和预案“五到位”。建立以安全生产专业人员为主导的隐患整改效果评价制度，确保整改到位。对隐患整改不力造成事故的，要依法追究企业和企业相关负责人的责任。对停产整改逾期未完成的不得复产。

（五）《国家发展改革委、国家能源局关于推进电力安全生产领域改革发展的实施意见》（发改能源规〔2017〕1986 号）

加强隐患排查治理。牢固树立隐患就是事故的观念，健全隐患排查治理制度、重大隐患治理情况向所在地负有安全监管职责的部门和企业职代会“双报告”制度，实行自查自报自改闭环管理。制定隐患排查治理导则或通则，建立隐患排查治理系统联网信息平台，建立重大隐患报告和公示制度，严格落实重大隐患挂牌督办制度，实行隐患治理“绿色通道”，优先安排人员和资金治理重大隐患。

（六）《安全生产事故隐患排查治理暂行规定》（安监总局令第 16 号）

（1）生产经营单位应当建立健全事故隐患排查治理制度。生产经营单位主要负责人对本企业事故隐患排查治理工作全面负责。

（2）任何单位和个人发现事故隐患，均有权向安全监管监察部门和有关部门报告。

（3）安全监管监察部门接到事故隐患报告后，应当按照职责分工立即组织核实并予以查处；发现所报告事故隐患应当由其他有关部门处理的，应当立即移送有关部门并记录备查。

（4）生产经营单位是事故隐患排查、治理和防控的责任主体。

（5）生产经营单位应当建立健全事故隐患排查治理和建档监控等制度，逐级建立并落实从主要负责人到每个从业人员的隐患排查治理和监控责任制。

（6）生产经营单位应当保证事故隐患排查治理所需的资金，建立资金使用专项制度。

（7）生产经营单位应当定期组织安全生产管理人员、工程技术人员和其他相关人员排查本企业的事故隐患。对排查出的事故隐患，应当按照事故隐患的等级进行登记，建立事故隐患信息档案，并按照职责分工实施监控治理。

（8）生产经营单位应当建立事故隐患报告和举报奖励制度，鼓励、发动职工发现和排除事故隐患，鼓励社会公众举报。对发现、排除和举报事故隐患的有功人员，应当给予物质奖励和表彰。

（9）生产经营单位将生产经营项目、场所、设备发包、出租的，应当与承包、承租单位签订安全生产管理协议，并在协议中明确各方对事故隐患排查、治理和防控的管理职责。生产经营单位对承包、承租单位的事故隐患排查治理负有统一协调和监督管理的职责。

（10）安全监管监察部门和有关部门的监督检查人员依法履行事故隐患监督检查职责时，生产经营单位应当积极配合，不得拒绝和阻挠。

（11）对于重大事故隐患应当及时向安全监管监察部门和有关部门报告。重大事故隐患报告内容应当包括：

1）隐患的现状及其产生原因；

2）隐患的危害程度和整改难易程度分析；

3）隐患的治理方案。

（12）对于一般事故隐患，由生产经营单位负责人或者有关人员立即组织整改。

（13）对于重大事故隐患，由生产经营单位主要负责人组织制定并实施事故隐患治理方案。重大事故隐患治理方案应当包括以下内容：

1）治理的目标和任务；

2）采取的方法和措施；

3）经费和物资的落实；

4）负责治理的机构和人员；

5）治理的时限和要求；

6）安全措施和应急预案。

（14）生产经营单位在事故隐患治理过程中，应当采取相应的安全防范措施，防止事故发生。事故隐患排除前或者排除过程中无法保证安全的，应当从危险区域内撤出作业人员，并疏散可能危及的其他人员，设置警戒标志，暂时停产停业或者停止使用；对暂时难以停产或者停止使用的相关生产储存装置、设施、设备，应当加强维护和保养，防止事故发生。

（15）生产经营单位应当加强对自然灾害的预防。对于因自然灾害可能导致事故灾难的隐患，应当按照有关法律法规、标准和本规定的要求排查治理，采取可靠的预防措施，制定应急预案。在接到有关自然灾害预报时，应当及时向下属单位发出预警通知；发生自然灾害可能危及生产经营单位和人员安全的情况时，应当采取撤离人员、停止作业、加强监测等安全措施，并及时向当地人民政府及其有关部门报告。

（七）GB/T 33000—2016《企业安全生产标准化基本规范》

（1）企业应建立隐患排查治理制度，逐级建立并落实从主要负责人到每位从业人员的隐患排查治理和防控责任制。并按照有关规定组织开展隐患排查治理工作，及时发现并消除隐患，实行隐患闭环管理。

（2）企业应根据隐患排查的结果，制定隐患治理方案，对隐患及时进行治理。

（3）隐患治理完成后，企业应按照有关规定对治理情况进行评估、验收。

（4）企业应如实记录隐患排查治理情况，至少每月进行统计分析，及时将隐患排查治理情况向从业人员通报。

（5）企业应定期或实时报送隐患排查治理情况。

二、企业事故隐患排查治理的分级、分类要求

以下内容为梳理水电企业相关的隐患管理要求，以及重大隐患的判定标准。

（一）《安全生产事故隐患排查治理暂行规定》（安监总局令第16号）

事故隐患分为一般事故隐患和重大事故隐患。

（二）《重大电力安全隐患判定标准（试行）》（国能综通安全2022）123号）

（1）电网安全稳定控制系统以及直流控制保护系统参数、策略、定值计算和设定不正确；直流控保、直流配套安全稳定控制装置未按双重化配置。

（2）电力监控系统横向边界未部署专用隔离装置，或者调度数据网纵向边界未部署电力专用纵向加密认证装置，或生产控制大区非法外联。

（3）建设单位将建设项目发包给不具备安全生产条件或相应资质施工企业，所属工程专项施工方案未按规定开展编、审、批或专家论证，开展爆破、吊装、有限空间等危险作业未履行施工作业许可审批手续或无人监护。

（三）《重大事故隐患判定标准汇编》（国务院安委会 2023 年 5 月）

1. 重大火灾隐患

（1）甲、乙类生产场所和仓库设置在建筑的地下室或半地下室。

（2）易燃可燃液体、可燃气体储罐（区）未按国家工程建设消防技术标准的规定设置固定灭火、冷却、可燃气体浓度报警、火灾报警设施。

（3）未按国家工程建设消防技术标准的规定或城市消防规划的要求设置消防车道或消防车道被堵塞、占用。

（4）建筑之间的既有防火间距被占用或小于国家工程建设消防技术标准的规定值的 80%，明火和散发火花地点与易燃易爆生产厂房、装置设备之间的防火间距小于国家工程建设消防技术标准的规定值。

（5）原有防火分区被改变并导致实际防火分区的建筑面积大于国家工程建设消防技术标准规定值的 50%。

（6）防火门、防火卷帘等防火分隔设施损坏的数量大于该防火分区相应防火分隔设施总数的 50%。

（7）丙、丁、戊类厂房内有火灾或爆炸危险的部位未采取防火分隔等防火防爆技术措施。

（8）建筑内的避难走道、避难间、避难层的设置不符合国家工程建设消防技术标准的规定，或避难走道、避难间、避难层被占用。

（9）场所或建筑物的安全出口数量或宽度不符合国家工程建设消防技术标准的规定，或既有安全出口被封堵。

（10）按国家工程建设消防技术标准的规定，建筑物应设置独立的安全出口或疏散楼梯而未设置。

（11）消防电梯无法正常运行。

（12）未按国家工程建设消防技术标准的规定设置消防水源、储存泡沫液等灭火剂。

（13）未按国家工程建设消防技术标准的规定设置室（内）外消防给水系统，或已设置但不符合标准的规定或不能正常使用。

（14）其他场所未按国家工程建设消防技术标准的规定设置自动喷水灭火系统。

（15）未按国家工程建设消防技术标准的规定设置除自动喷水灭火系统外的其他固定灭火设施。

（16）已设置的自动喷水灭火系统或其他固定灭火设施不能正常使用或运行。

（17）人员密集场所、高层建筑和地下建筑未按国家工程建设消防技术标准的规定设置防烟、排烟设施，或已设置但不能正常使用或运行。

（18）消防用电设备的供电负荷级别不符合国家工程建设消防技术标准的规定。

（19）消防用电设备未按国家工程建设消防技术标准的规定采用专用的供电回路。

（20）未按国家工程建设消防技术标准的规定设置消防用电设备末端自动切换装置，或已设置但不符合标准的规定或不能正常自动切换。

（21）其他场所未按国家工程建设消防技术标准的规定设置火灾自动报警系统。

（22）火灾自动报警系统不能正常运行。

（23）防烟排烟系统、消防水泵以及其他自动消防设施不能正常联动控制。

（24）社会单位未按消防法律法规要求设置专职消防队。

（25）消防控制室操作人员未按 GB 25506—2010 的规定持证上岗。

（26）生产、储存场所的建筑耐火等级与其生产、储存物品的火灾危险性类别不相匹配，违反国家工程建设消防技术标准的规定。

（27）违反国家工程建设消防技术标准的规定在可燃材料或可燃构件上直接敷设电气线路或安装电气设备，或采用不符合标准规定的消防配电线缆和其他供配电线缆。

（28）违反国家工程建设消防技术标准的规定在人员密集场所使用易燃、可燃材料装修、装饰。

注：对于重大火灾隐患判定也需参考 GB 35181—2017《重大火灾隐患判定方法》的相关要求。

2. 水利工程建设项目生产安全重大事故隐患判定标准（见表 5-1）

表 5-1　水利工程建设项目生产安全重大事故隐患判定清单

序号	类别	管理环节	隐患内容
1	基础管理	人员管理	项目法人和施工企业未按规定设置安全生产管理机构或未按规定配备专职安全生产管理人员；施工企业主要负责人、项目负责人和专职安全生产管理人员未按规定持有效的安全生产考核合格证书；特种（设备）作业人员未持有效证件上岗作业。
2		方案管理	无施工组织设计施工；危险性较大的单项工程无专项施工方案；超过一定规模的危险性较大单项工程的专项施工方案未按规定组织专家论证、审查擅自施工；未按批准的专项施工方案组织实施；需要验收的危险性较大的单项工程未经验收合格转入后续工程施工。
3	临时工程	营地及施工设施建设	施工工厂区、施工（建设）管理及生活区、危险化学品仓库布置在洪水、雪崩、滑坡、泥石流、塌方及危石等危险区域。
4		临时设施	宿舍、办公用房、厨房操作间、易燃易爆危险品库等消防重点部位安全距离不符合要求且未采取有效防护措施；宿舍、办公用房、厨房操作间、易燃易爆危险品库等建筑构件的燃烧性能等级未达到 A 级；宿舍、办公用房采用金属夹芯板材时，其芯材的燃烧性能等级未达到 A 级。
5		围堰工程	围堰不符合规范和设计要求；围堰位移及渗流量超过设计要求，且无有效管控措施。
6	专项工程	临时用电	施工现场专用的电源中性点直接接地的低压配电系统未采用 TN-S 接零保护系统；发电机组电源未与其他电源互相闭锁，并列运行；输电线路的安全距离不符合规范要求且未按规定采取防护措施。

续表

序号	类别	管理环节	隐患内容
7	专项工程	脚手架	达到或超过一定规模的作业脚手架和支撑脚手架的立杆基础承载力不符合专项施工方案的要求且已有明显沉降；立杆采用搭接（作业脚手架顶步距除外）；未按专项施工方案设置连墙件。
8		模板工程	爬模、滑模和翻模施工脱模或混凝土承重模板拆除时，混凝土强度未达到规定值。
9		危险物品	运输、使用、保管和处置雷管炸药等危险物品不符合安全要求。
10		起重吊装与运输	起重机械未按规定经有相应资质的检验检测机构检验合格后投入使用；起重机械未配备荷载、变幅等指示装置和荷载、力矩、高度、行程等限位、限制及联锁装置；同一作业区两台及以上起重设备运行未制定防碰撞方案，且存在碰撞可能；隧洞竖（斜）井或沉井、人工挖孔桩井载人（货）提升机械未设置安全装置或安全装置不灵敏。
11		起重吊装与运输	大中型水利水电工程金属结构施工采用临时钢梁、龙门架、天锚起吊闸门、钢管前，未对其结构和吊点进行设计计算、履行审批审查验收手续，未进行相应的负荷试验；闸门、钢管上的吊耳板、焊缝未经检查检测和强度验算投入使用。
12		高边坡、深基坑	断层、裂隙、破碎带等不良地质构造的高边坡，未按设计要求及时采取支护措施或未经验收合格即进行下一梯段施工；深基坑土方开挖，坡度不满足其稳定性要求且未采取加固措施。
13		隧洞施工	遇到下列九种情况之一，未按有关规定及时进行地质预报并采取措施：①隧洞出现围岩不断掉块，洞室内灰尘突然增多，喷层表面开裂，支撑变形或连续发出声响。②围岩沿结构面或顺裂隙错位、裂缝加宽、位移速率加大。③出现片帮、岩爆或严重鼓胀变形。④出现涌水、涌水量增大、涌水突然变浑浊、涌沙。⑤干燥岩质洞段突然出现地下水流，渗水点位置突然变化，破碎带水流活动加剧，土质洞段含水量明显增大或土的形状明显软化。⑥洞温突然发生变化，洞内突然出现冷空气对流。⑦钻孔时，钻进速度突然加快且钻孔回水消失，经常发生卡钻。⑧岩石隧洞掘进机或盾构机发生卡机或掘进参数、掘进载荷、掘进速度发生急剧的异常变化。⑨突然出现刺激性气味；断层及破碎带缓倾角节理密集带岩溶发育地下水丰富及膨胀岩体地段和高地应力区等不良地质条件洞段开挖未根据地质预报针对其性质和特殊的地质问题制定专项保证安全施工的工程措施；隧洞Ⅳ类、Ⅴ类围岩开挖后，支护未紧跟掌子面。
14		隧洞施工	洞室施工过程中，未对洞内有毒有害气体进行检测、监测；有毒有害气体达到或超过规定标准时未采取有效措施。
15		设备安装	蜗壳、机坑里衬安装时，搭设的施工平台（组装）未经检查验收即投入使用；在机坑中进行电焊、气割作业（如水机室、定子组装、上下机架组装）时，未设置隔离防护平台或铺设防火布，现场未配备消防器材。

续表

序号	类别	管理环节	隐患内容
16	专项工程	水上作业	未按规定设置必要的安全作业区或警戒区；水上作业施工船舶施工安全工作条件不符合船舶使用说明书和设备状况，未停止施工；挖泥船的实际工作条件大于 SL 17—2014 表 5.7.9 中所列数值，未停止施工。
17	其他	防洪度汛	有度汛要求的建设项目未按规定制定度汛方案和超标准洪水应急预案；工程进度不满足度汛要求时未制定和采取相应措施；位于自然地面或河水位以下的隧洞进出口未按施工期防洪标准设置围堰或预留岩坎。
18		液氨制冷	氨压机车间控制盘柜与氨压机未分开隔离布置；未设置、配备固定式氨气报警仪和便携式氨气检测仪；未设置应急疏散通道并明确标识。
19		安全防护	排架、井架、施工电梯、大坝廊道、隧洞等出入口和上部有施工作业的通道，未按规定设置防护棚。
20		设备检修	混凝土（水泥土、水泥稳定土）拌和机、TBM 及盾构设备刀盘检维修时未切断电源或开关箱未上锁且无人监管。

3. 水利工程运行管理生产安全重大事故隐患判定标准（见表 5-2）

表 5-2　水利工程运行管理生产安全重大事故隐患判定清单

序号	管理对象	隐 患 内 容
1	水利工程通用	有泄洪要求的闸门不能正常启闭；泄水建筑物堵塞，无法正常泄洪；启闭机自动控制系统失效。
2		有防洪要求的工程未按照设计和规范设置监测、观测设施或监测、观测设施严重缺失；未开展监测观测。
3	水库大坝工程	大坝安全鉴定为三类坝，未采取有效管控措施。
4		大坝防渗和反滤排水设施存在严重缺陷；大坝渗流压力与渗流量变化异常；坝基扬压力明显高于设计值，复核抗滑安全系数不满足规范要求；运行中已出现流土、漏洞、管涌、接触。渗漏等严重渗流异常现象；大坝超高不满足规范要求；水库泄洪能力不满足规范要求；水库防洪能力不足。
5		大坝及泄水、输水等建筑物的强度、稳定、泄流安全不满足规范要求，存在危及工程安全的异常变形或近坝岸坡不稳定。
6		有泄洪要求的闸门、启闭机等金属结构安全检测结果为“不安全”，强度、刚度及稳定性不满足规范要求；或维护不善，变形、锈蚀、磨损严重，不能正常运行。
7		未经批准擅自调高水库汛限水位；水库未经蓄水验收即投入使用。
8	水电站工程	小型水电站安全评价为 C 类，未采取有效管控措施。
9		主要发供电设备异常运行已达到规程标准的紧急停运条件而未停止运行；可能出现六氟化硫泄漏、聚集的场所，未设置监测报警及通风装置；有限空间作业未经审批或未开展有限空间气体检测。

续表

序号	管理对象	隐患内容
10	泵站	泵站综合评定为三类、四类，未采取有效管控措施。
11	水闸工程	水闸安全鉴定为三类、四类闸，未采取有效管控措施。
12		水闸的主体结构不均匀沉降、垂直位移、水平位移超出允许值，可能导致整体失稳；止水系统破坏。
13		水闸监测发现铺盖、底板、上下游连接段底部掏空存在失稳的可能。
14	堤防工程	堤防安全综合评价为三类，未采取有效管控措施。
15		堤防渗流坡降和覆盖层盖重不满足标准的要求，或工程已出现严重渗流异常现象。
16		堤防及防护结构稳定性不满足规范要求，或已发现危及堤防稳定的现象。
17	引调水及灌区工程	渡槽及跨渠建筑物地基沉降量超过设计要求；排架倾斜较大，水下基础露空较大，超过设计要求；渡槽结构主体裂缝多，碳化破损严重，止水失效，漏水严重。
18		隧洞洞脸边坡不稳定；隧洞围岩或支护结构严重变形。
19		高填方或傍山渠坡出现管涌等渗透破坏现象或塌陷、边坡失稳等现象。
20	淤地坝工程	下游影响范围有村庄、学校、工矿等的大中型淤地坝无溢洪道或无放水设施；坝体坝肩出现贯通性横向裂缝或纵向滑动性裂缝；坝坡出现破坏性滑坡、塌陷、冲沟，坝体出现冲缺、管涌、流土；放水建筑物（卧管、竖井、涵洞、涵管等）或溢洪道出现损毁、断裂、坍塌、基部淘刷、悬空。

4. 特种设备事故隐患判定

按隐患严重程度分为严重事故隐患、较大事故隐患、一般事故隐患 3 个级别。

（1）存在下列情况之一的为严重事故隐患（见表 5-3）。

1）违反特种设备法律法规，应依法责令改正并处罚款的行为。

2）违反特种设备安全技术规范及相关标准，可能导致重大和特别重大事故的隐患。

3）风险管控缺失、失效，可能导致重大和特别重大事故的隐患。

4）危害和整改难度较大，应当全部或者局部停产停业，并经过一定时间整改治理方能排除的隐患。

5）因外部因素影响致使使用单位自身难以排除的隐患。

表 5-3　　　　特种设备严重事故隐患

序号	隐患类别	隐　患　目　录
1	设备类（S）	在用的特种设备是未取得许可进行设计、制造、安装、改造、重大修理的。
2	设备类（S）	在用的特种设备是未经检验或检验不合格的（使用资料不符合安全技术规范导致检验不合格的电梯除外）。
3	设备类（S）	在用的特种设备是国家明令淘汰的。
4	设备类（S）	在用的特种设备是已经报废的。
5	设备类（S）	在用特种设备存在必须停用修理的超标缺陷。
6	设备类（S）	特种设备存在严重事故隐患无改造、修理价值，或者达到安全技术规范规定的其他报废条件，未依法履行报废义务，并办理使用登记证书注销手续的。
7	设备类（S）	在用特种设备超过规定参数、使用范围使用的。
8	设备类（S）	特种设备或者其主要部件不符合安全技术规范，包括安全附件、安全保护装置等缺少、失效或失灵。
9	设备类（S）	将非承压锅炉、非压力容器作为承压锅炉、压力容器使用或热水锅炉改为蒸汽锅炉使用的。
10	设备类（S）	在用特种设备已被召回的（含生产单位主动召回、政府相关部门强制召回）。
11	管理类（G）	特种设备出现故障或者发生异常情况，未对其进行全面检查、消除事故隐患，继续使用的。
12	管理类（G）	使用被责令整改而未予整改的特种设备。
13	管理类（G）	特种设备发生事故不予报告而继续使用的。
14	管理类（G）	未经许可，擅自从事移动式压力容器或者气瓶充装活动的。
15	管理类（G）	对不符合安全技术规范要求的移动式压力容器和气瓶进行充装的。
16	管理类（G）	气瓶、移动式压力容器充装单位未按照规定实施充装前后检查的。
17	管理类（G）	电梯使用单位委托不具备资质的单位承担电梯维护保养工作的。

（2）存在下列情况之一的为较大事故隐患（见表 5-4）。

1）违反特种设备法律法规，特种设备安全监管部门依法责令限期改正，逾期未改的，责令停产停业整顿并处罚款行为。

2）违反特种设备安全技术规范及相关标准，可能导致较大事故的隐患。

3）风险管控缺失或失效，可能导致较大事故的隐患。

（3）除上述严重、较大隐患外的其他特种设备事故隐患均为一般事故隐患，包括但不限于以下情况。

1）违反使用单位内部管理制度的行为或状态。

2）风险易于管控，整改难度较小，发现后能够立即整改排除的隐患。

表 5-4　　特种设备较大事故隐患

序号	隐患类别	隐　患　目　录
1	设备类（S）	气瓶、移动式压力容器充装用计量器具的选型、规格及检定不符合有关安全技术规范及相应标准规定。
2		电梯轿厢的装修不符合电梯安全技术规范及相关标准要求。
3	管理类（G）	在用特种设备未按照规定办理使用登记。
4		未建立特种设备安全技术档案或者安全技术档案不符合规定要求。
5		未配备特种设备安全管理负责人；未建立岗位责任、隐患治理等管理制度和操作规程；未制定特种设备事故应急专项预案，并定期进行应急演练。
6		未依法设置特种设备使用标志。
7		未对使用的特种设备进行经常性维护保养和定期自行检查，或者未对使用的特种设备的安全附件、安全保护装置等进行定期校验、检修，并做出记录。
8		未按照安全技术规范的要求及时申报并接受检验。
9		特种设备运营使用单位未按规定设置特种设备安全管理机构，配备专职或兼职的特种设备安全管理人员。
10		气瓶、移动式压力容器充装前后检查无记录。
11		客运索道、大型游乐设施每日投入使用前，未进行试运行和例行安全检查，未对安全附件和安全保护装置进行检查确认。
12		未将电梯、客运索道、大型游乐设施、机械式停车设备等的安全使用说明、安全注意事项和警示标志置于易于为使用者注意的显著位置。
13		未按照安全技术规范的要求进行锅炉水（介）质处理。
14		对安全状况等级为 3 级压力管道、4 级固定式压力容器和检验结论为基本符合要求的锅炉未制定监控措施或措施不到位仍在使用。
15	人员类（R）	特种设备管理人员、作业人员等无证上岗。
16		特种设备管理人员、作业人员未经安全教育和技能培训。
17		管理人员、作业人员违反操作规程。

（四）《水电站大坝工程隐患治理监督管理办法》（国能发安全规〔2022〕93 号）

大坝工程隐患按照其危害严重程度，分为特别重大、重大、较大、一般等四级。

（1）大坝特别重大工程隐患。

1）防洪能力严重不足；

2）大坝整体稳定性不足；

3）存在影响大坝运行安全的坝体贯穿性裂缝；

4）坝体、坝基、坝肩渗漏严重或者渗透稳定性不足；

5）泄洪消能建筑物严重损坏或者严重淤堵；

6）泄水闸门、启闭机无法安全运行；

7）枢纽区存在影响大坝运行安全的严重地质灾害；

8）严重影响大坝运行安全的其他工程问题、缺陷。

（2）大坝重大工程隐患，是指大坝存在本条第一款规定的一种或者多种工程问题、缺陷，并且经过分析论证，在采取控制水库运行水位措施、尽最大可能降低水库水位的条件下，在设防标准内一般不会导致溃坝或者漫坝的情形。

（3）大坝较大工程隐患，是指大坝存在本条第一款规定的一种或者多种工程问题、缺陷，并且经过分析论证，无需采取控制水库水位措施，在设防标准内一般不会导致溃坝或者漫坝的情形。

（4）大坝一般工程隐患，是指大坝存在工程问题、缺陷，已经或者可能影响大坝运行安全，但其危害尚未达到较大工程隐患严重程度的情形。

随着社会对电力行业的安全性和可靠性的期望日益提高，对潜在风险和重大隐患的关注程度也在不断加强，相应的要求也变得更为具体和可衡量。

三、目前各企业开展安全检查存在的主要问题

安全检查作为企业安全管理的关键环节，通过识别潜在风险、发现并解决问题，从而降低事故发生概率，保障生产安全。为确保安全检查工作的有序高效进行，必须明确其总体要求。

(一)遵循“安全第一，预防为主、综合治理”

这意味着在检查过程中，要始终把人的生命安全放在首位，强化预防措施，从源头上消除安全隐患。同时，要注重综合治理，充分调动各方面的积极性，形成全员参与、全过程控制、全方位管理的格局。

(二)突出重点

企业应根据自身的生产特点和风险因素，明确检查的重点部位、重点环节和重点设备。

(三)注重实效

安全检查不是走过场、摆样子，而是要真正发现问题、解决问题。为此企业应建立健全安全检查制度，确保检查的频率、深度和广度。同时对检查中发现的问题，要及时整改，并跟踪复查，确保整改措施落实到位。

(四)与安全生产标准化相结合

企业应按照国家和行业的安全生产标准，规范安全检查工作，提高安全检查的专业化、规范化水平。同时，要将安全检查纳入企业的安全生产目标管理，与绩效考核挂钩，激发员工参与安全检查的积极性。

安全检查作为隐患排查的重要手段，企业应高度重视，明确总体要求，确保安全检查工作取得实效。只有这样，才能为企业的安全生产提供有力保障。

第二节　事故隐患排查治理实施方法和流程

在策划和执行事故隐患排查治理的过程中，企业可以借鉴《安全生产事故隐患排查治理体系建设实施指南》(该指南由国务院安全生产委员会办公室于

2012年7月发布）以及《电力安全隐患治理监督管理规定》（国能发安全规〔2022〕116号）的相关要求进行策划。

注：国家能源局对《电力安全隐患监督管理暂行规定》（电监安全〔2013〕5号）进行了全面的修订，以期更好地加强对电力安全隐患的监督管理。修订后的规定名为《电力安全隐患治理监督管理规定》。

一、企业事故隐患排查治理的基本要求

（1）企业作为隐患排查治理的责任主体，应秉持“全方位覆盖、全过程闭环”的原则，构建分级管理、全员参与的隐患排查治理体系，同时建立健全并执行生产安全事故隐患排查治理制度，借助技术和管理措施，及时发现并消除潜在的事故隐患。

（2）企业应当建立包括下列内容的隐患排查治理制度：

1）主要负责人、分管负责人、部门和岗位人员隐患排查治理工作要求、职责范围、防控责任；

2）隐患排查事项、具体内容和排查周期；

3）重大隐患以外的其他隐患判定标准；

4）隐患的治理流程；

5）重大隐患治理结果评估；

6）隐患排查治理能力培训；

7）资金、人员和设备设施保障；

8）应当纳入的其他内容。

（3）企业若将生产经营项目、工程项目、场所、设备发包或出租，应签订安全生产管理协议，明确隐患排查治理的管理职责，并对承包或承租单位的隐患排查治理工作进行统一协调和监督管理。

（4）企业应将发现的隐患全部纳入隐患管理范围，实行统一管理。

（5）对于违反安全生产法律法规，或侵犯从业人员合法权益的行为，有权

要求纠正；当发现违章指挥、强令冒险作业或发现事故隐患时，有权提出解决建议，企业须及时研究并给予答复。

（6）企业应将隐患排查治理工作所需的费用纳入安全生产费用预算，并为紧急事项审批设置快速通道和加急采购程序，确保资金及时到位。

（7）企业应如实记录隐患排查治理情况，通过职工大会或者职工代表大会、信息公示栏等方式向本企业从业人员通报。重大隐患排查治理情况应当及时向职工大会或者职工代表大会报告。

（8）企业应定期组织员工进行安全生产隐患排查治理相关知识和技能的培训，并将其纳入公司培训计划。

（9）企业应建立隐患报告和举报奖励制度，激励和发动员工积极发现和排除隐患。

（10）企业应设立隐患排查治理台账，详细记录排查隐患的人员、时间、部位或场所，隐患的具体情形、数量、性质和治理情况，并通过信息公示栏等方式进行通报；对于重大隐患排查治理情况，应单独建档管理，并按相关规定向负有安全生产监督管理职责的政府部门和企业职工大会或职工代表大会报告。

二、组织机构设置及人员

企业应建立从高层领导到基层员工的隐患排查治理工作网络，明确各级别在隐患排查治理方面的职责。

（1）企业应设立隐患排查治理工作由企业最高领导人担任，以安全生产委员会或领导班子作为决策管理机构，安全生产管理部门为执行机构，以基层安全管理人员为中坚力量，全体员工为基石，构建自上而下的组织保障体系。

（2）领导层：企业主要负责人是隐患排查治理工作的首要责任人，应通过安全生产委员会、经理办公会等渠道，将隐患排查治理工作纳入日常工作中，亲自定期组织和参与检查，及时准确掌握情况，发布明确指令。其他相关领导也应在各自管理范围内做好隐患排查治理工作，至少要做到熟知、关注、推动、确认。

（3）管理层：安全生产管理机构和专职安全管理人员是隐患排查治理工作的核心力量，主要负责制定相关制度、培训各类人员、组织检查排查、发布整改指令、验证整改效果等。此外还需通过监督方式了解各部门、下属单位及全体员工在隐患排查治理工作方面的履职情况，将其纳入考核体系，全面推进隐患排查治理工作的全面覆盖和全员参与。

（4）操作层：员工应根据责任制、相关规章制度和操作规程明确的隐患排查治理责任，在日常工作中保持高度的隐患意识，随时发现和处理各类隐患和事故苗头。对于无法自行解决的问题，应及时上报，并采取临时性控制措施。同时，注意做好记录，为隐患统计分析提供资料。

三、安全检查的要求

（一）安全检查过程四个阶段

准备、实施、督办整改以及验收评价。这四个阶段相互关联，形成一个闭环管理，以确保安全检查的全面有效。

（1）在准备阶段，需要成立安全检查领导小组，该小组将确定实用且有效的检查方法。同时，明确安全检查的具体负责部门以及协作部门，制定并通过安全检查方案。此外，还需组织检查人员进行培训，了解检查的重点，熟悉相关的标准和规定。

（2）实施阶段是按照既定方案开展自查整改的过程。在此阶段对于在检查过程中发现的问题需要详细记录，并形成自查报告。安全检查记录将成为评价单位安全生产工作的依据，以及安全生产管理的基础资料，可用来进行动态的安全管理分析。

（3）在督办整改阶段，制定整改计划，明确整改责任和时间要求。对于暂时无法整改的问题，提出相应的管控措施，对重点问题制定相应的应急预案。

安全检查组将负责督促进度缓慢的单位进行整改。

（4）在验收评价阶段，整改工作完成后，组织验收，对整改情况进行评价和考核。同时，对安全检查工作进行总结。总结报告应内容全面、数据准确、措施建议具体可行、评价结论客观公正。对于专项检查需要根据实际情况制定具体的检查方案，包括检查内容、时间、重点、人员分工和检查方法等。然后按照方案进行检查，并做好检查记录。

（二）安全检查的分类

1. 按时间分

主要包括日常安全检查、季节性安全检查、临时安全检查。

（1）日常安全检查是按规定的检查制度进行，贯穿于生产全过程。

（2）季节性安全检查是针对特定的气候、环境等开展的有重点的安全检查。

（3）临时安全检查主要是针对节日前后、安全保供电等开展的安全检查。

2. 按周期分

包括定期安全检查和不定期安全检查两大类。

（1）定期安全检查包括周检查、月检查、季度检查、年度大检查、节日前检查、春（秋）季安全检查及季节性安全检查。

（2）不定期安全检查多为临时安排或带有针对性的安全检查，一般由上级单位组织，具有较强的突击性和针对性。

3. 按内容分

主要包括综合性安全检查和专项安全检查。

（1）综合性安全检查，即全面安全检查，一般由企业主要负责人组织，安全监督管理部门牵头，结合生产特点和风险状况，组织各专业部门进行认真、细致、全面的检查。

（2）专项安全检查是根据工作任务安排、安全工作需要和生产中暴露出来的问题，按照专业分工，本着防范安全风险的目的而进行的，具有较强的针对性。

4. 按组织形式分

主要包括计划性安全检查和“四不两直”安全检查。

（1）计划性安全检查是事前对检查时间、检查单位、检查现场、检查内容等进行有计划的布置，主要检查安全生产各项工作组织落实情况。

（2）“四不两直”安全检查具有突击性，可以发现受检单位最真实的安全生产状态，有利于及时查找安全隐患和违章情况，并通过后期跟进，促进整改，切实提升安全检查的质量。

（三）安全检查的方式

一些企业为了确保安全检查和隐患排查的实施范围一致，避免出现理解上的偏差，采取了统一分类的方式。例如，某水电站将安全检查和隐患排查分为日常检查、定期检查和专项检查三大类。这种分类方法不仅清晰明了，还能够确保各项安全措施得到有效执行。

1. 日常检查

（1）企业各级人员应按照“一岗双责”要求，开展安全生产检查。

（2）运行岗位人员：按设备划分、运行规程、“两票三制”及风险控制措施的要求，对所管辖设备进行交接班检查、定时巡回检查及设备启停前、后的检查。遇有设备异常或气候异常时，应增加巡检频次和特殊检查项目。

（3）检修岗位人员：按设备划分及其风险控制措施，对所辖设备进行巡查，包括设备存在的隐患、缺陷及卫生状况；检修中的设备，每天/班开工前对现场及安全设施认真检查核对，确保安全作业。

（4）消防、保卫岗位人员：每天/班对生产现场消防设施、保卫情况巡检，保证消防设施完好和生产秩序稳定。

（5）生产部门管理人员：认真查阅缺陷和值班记录，监督“两票三制”和安全措施的执行，查处违章违纪行为，抽查岗位人员的巡检、工作质量和人员值班情况，对主机设备、重大技改工程现场、存在重大事故隐患的设备进行巡视，并对部门内管理人员的现场巡视、工作质量、安全文明生产情况进行抽查。

（6）各级安全监督人员：对较大风险作业风险控制措施、工作票执行情况、生产要害部位、消防安全重点部位、施工、检修现场等进行监督检查。

（7）其他部门人员：根据业务范围，开展安全检查，包括安全管理制度执行情况、岗位责任制落实情况等。

2. 定期检查

（1）企业领导安全检查：企业领导发现问题由安全监督管理部门整理、汇总检查发现的问题，下发检查通报并督促落实。

（2）各部门安全检查：安全监督管理部门、生产技术部门等部门每季度检查一次，发现问题下发检查通报并督促落实。其他部门根据业务范围每月开展安全检查，并落实整改。当与节假日检查、季节性检查等检查时间相近或重合时，可基于现场实际一并开展。

（3）节前检查：劳动节、国庆节、元旦、春节等主要假日前，安全监督管理部门组织开展检查，重点为安全生产稳定和各类防范措施落实。

（4）春季安全大检查：每年 3 月上旬由安全监督管理部门组织开展。

（5）秋季安全大检查：每年 10 月上旬由安全监督管理部门组织开展。

（6）防台防汛和迎峰度夏检查：每年雷雨季节前、汛期前及迎峰度夏期间，生产技术部门组织开展检查，重点开展防台防汛设备设施的检查；直流室、保护室、配电室、计算机房重要区域通风制冷设备的检查；发（供）电主设备、主辅助设备等重要设备的检查；排洪沟、电缆沟、生产厂房、办公场所等，以及重要建（构）物安全状况的检查等。

（7）防寒、防冻安全检查：每年入冬前生产技术部门按照上级要求并结合生产实际组织开展检查，检查重点为秋检问题整改、冬季“四防”措施落实等。

3. 专项检查

（1）上级布置的专项安全检查。

（2）机组检修期间检查：生产技术部门应成立安全监督组，对检修现场安全、文明施工进行监督与检查，并处罚违章行为。

（3）消防器材、设施检查：应开展防火监督检查，保证消防设施、器材充足、完好。

（4）反违章检查。

（5）其他专项检查：各部门根据业务范围和生产实际组织开展，以查安全生产目标、安全生产责任制落实和各项制度执行等为重点的各类专项检查，如“两票三制”检查、防人身伤害专项检查、承包商安全专项检查、重要设备设施专项检查、重大事件保电专项检查、危化品专项检查、特种设备专项检查、交通安全专项检查等。

四、编制安全检查（隐患排查）计划

企业应制定一份详尽的《安全生产检查计划》。企业需要明确各项检查的内容，包括责任部门、检查周期、检查时间等关键信息，以确保每一个环节都能得到有效的管理和监控（见表5-5）。

表5-5　　安全生产检查计划（示例节选）

<table>
<tr><th>序号</th><th>内容</th><th>组织部门</th><th>参与部门</th><th>检查周期、时间</th></tr>
<tr><td>1</td><td>公司级安全生产监督检查</td><td>公司领导</td><td>各部门、承包商</td><td>每季度</td></tr>
<tr><td>2</td><td>部门级安全生产检查</td><td>业务部门</td><td>—</td><td>每月</td></tr>
<tr><td>3</td><td>班组级安全生产检查</td><td>—</td><td>—</td><td>至少每周1次</td></tr>
<tr><td>4</td><td>“元旦”安全生产监督检查</td><td>安全监督管理部门</td><td>各部门、承包商</td><td rowspan="5">按时开展</td></tr>
<tr><td>5</td><td>“春节”安全生产监督检查</td><td>安全监督管理部门</td><td>各部门、承包商</td></tr>
<tr><td>6</td><td>“五一”安全生产监督检查</td><td>安全监督管理部门</td><td>各部门、承包商</td></tr>
<tr><td>7</td><td>“十一”安全生产监督检查</td><td>安全监督管理部门</td><td>各部门、承包商</td></tr>
<tr><td>8</td><td>国家重大会议或活动
安全监督检查</td><td>—</td><td>各部门、承包商</td></tr>
<tr><td>9</td><td>春季安全大检查</td><td>安全监督管理部门</td><td>各部门、承包商</td><td>每年3月上旬</td></tr>
<tr><td>10</td><td>秋季安全大检查</td><td>安全监督管理部门</td><td>各部门、承包商</td><td>每年10月上旬</td></tr>
<tr><td>11</td><td>安全活动月安全生产监督检查</td><td>安全监督管理部门</td><td>各部门、承包商</td><td>每年6月</td></tr>
</table>

续表

序号	内容	组织部门	参与部门	检查周期、时间
12	防台防汛和迎峰度夏检查	生产技术部门	各部门、承包商	每年台风季节前、汛期前及迎峰度夏期间
13	车辆安全检查	综合管理部门	各部门、承包商	每月
14	防火专项检查	综合管理部门	各部门、承包商	每月
15	承包商资质、人员情况检查	项目管理部门	—	入厂（场）前
16	“两票”检查	生产管理部门	—	每月
17	特种设备检查	生产技术部门	设备管理部门	每半年

五、安全检查的方式

（1）检查可采用以下方式方法开展。

1）采用“检查表”方法进行检查。即在每次检查前，针对检查的内容、问题和重点，制定“检查表”，做到既有针对性，也不漏项。

2）采用现场检查和资料检查相结合的检查方式。即采取资料与现场、现场与资料“两对照”的方式进行检查。

3）采用“四不两直”、座谈、交流、实操等形式。

（2）各类检查可视情况共同开展，如上级布置的某项检查和企业某项例行检查内容是同类型的，可合并组织开展。

（3）各部门、车间随时对施工现场的安全措施执行、施工人员安全操作规程执行、安全保护用品使用等情况进行检查和指导，对各种违章行为及时制止或要求停工整改。

六、问题、隐患分类整改

检查结束后，检查组织部门、单位应及时汇总检查结果，组织制定整改。属于设备缺陷的按照缺陷管理要求进行消缺，属于违章的按照违章管理要求进行整改，属于隐患的按照隐患进行治理。

（一）安全检查问题的整改

（1）企业应建立安全检查问题的整改措施计划，整改措施计划应明确检查人、发现问题描述、问题类别、责任部门、责任人、整改措施、计划整改期限、实际整改情况、验收人和验收时间等信息（见表 5-6）。

表 5-6 整改措施计划表

序号	检查人	发现问题描述	问题类别	责任部门	责任人	整改措施	计划整改期限	整改完成情况	验收人	验收时间

（2）整改责任部门、单位应按照安全生产检查整改措施计划的要求，监督整改落实和验收，实现闭环管理。未按期完成的整改，应办理延期申请，写明延期原因、明确延期整改期限、落实整改责任人、制定落实预控措施，经企业领导同意后方可延期。

（3）企业应建立完善安全生产监督检查档案，应包括检查方案、检查表、检查整改措施计划、检查总结等，对每次监督检查发现的问题及其处理情况，应当做详细记录并归档。

（二）隐患管理

（1）安全检查发现的问题应经评估，属于隐患的应按隐患治理流程进行。

（2）在隐患分级方面，各企业应根据自身特点来制定相应的标准。重大隐患的判定类别至少应包含前文提及的相关重大隐患内容。例如，一些企业对于一般隐患的定义包括：可能引发电力安全事件，导致直接经济损失在 10 万元至 100 万元之间的电力设备事故，人身轻伤以及其他可能对社会产生影响的事故隐患。而对于重大隐患，定义为可能引发人身伤亡事故、电力安全事故，造成直接经济损失 100 万元以上的电力设备事故，以及其他可能对社会产生较大影响的事故隐患。并且这些引用了直接判定重大隐患条款。

（3）也有一些企业对上述隐患进行了梳理，并形成了适合本企业的隐患判定标准。例如，参照《安全隐患排查标准》（示例），该标准具有更清晰的界定、量化的指标以及更易于操作的流程。其下级单位只需在隐患评估过程中严格执行该标准，便可确保隐患得到有效管理。具体内容可见表5-7。

表5-7　安全管理隐患排查标准（示例节选）

序号	隐患等级	隐患性质	隐患分类	专业子类	隐患内容	判定依据	查证方法	责任部门
1	重大	管理类	安全管理	安全责任制	未建立全员安全生产责任清单、领导班子成员安全生产“责任清单”和年度“工作清单”	《中华人民共和国安全生产法》第二十二条	查阅清单资料	安监部各部门
2	重大	管理类	安全管理	安全管理机构	从业人员超过一百人的单位，未设置安全生产管理机构或配备专职安全生产管理人员；从业人员在一百人以下的单位，未配备专职或兼职安全生产管理人员	《中华人民共和国安全生产法》第二十四条	查阅组织机构和岗位设置资料	人资部
3	重大	管理类	安全管理	安全生产投入	未按照国家法律法规、公司规章制度规定安排和使用安全生产费用	《中华人民共和国安全生产法》第二十三条；《企业安全生产费用提取使用管理办法》	查阅费用安排、使用情况	财务部、相关专业部门
4	重大	管理类	安全管理	安全教育培训	未对从业人员进行安全生产教育和培训，未将被派遣劳动者纳入本企业统一安全教育和培训	《中华人民共和国安全生产法》第二十八条	查阅安全生产教育和培训资料	安监部、人资部、相关专业部门

（4）根据上级单位的总体要求，将隐患分为三类，分别为一般隐患、较大隐患和重大隐患，其中一般隐患和较大隐患应由企业专业管理部门评估认定，重大隐患由上级单位专业部门评估认定。

（三）隐患治理

安全隐患一经确定，隐患所在部门、单位应立即采取防止隐患发展的控制措施，防止事故发生，同时根据隐患具体情况和急迫程度，及时制定治理方案或措施，限期整改。并登记隐患治理台账或在信息化平台中进行录入（见表5-8）。

表5-8　　隐患排查与治理台账

序号	隐患名称	隐患等级	隐患类别	隐患编号	临时防范措施	治理责任部门	治理责任人	要求完成时间	实际完成时间	投入资金	验收人	是否销号

（1）发电企业安全隐患治理应结合电网规划和年度电网建设、技改大修、检修维护等及时落实项目和资金，做到责任、措施、资金、期限和应急预案“五落实”。

（2）隐患所在单位应当如实记录隐患排查治理情况，并向从业人员通报。

（3）未能按期治理消除的安全隐患，应重新进行评估，依据评估后等级纳入相应流程处治。

（4）重大隐患报告内容应包括：隐患的现状及其产生原因；隐患的危害程度和整改难易程度分析；隐患治理方案。

（四）验收销号

（1）隐患治理完成后，隐患所在单位应及时报告有关情况、申请验收。

（2）在隐患通过验收并确定已彻底消除后，隐患所在单位对隐患进行销号，隐患管理相关过程资料妥善保管存档。

（五）挂牌督办

（1）重大安全隐患实行逐级挂牌督办制度。

（2）对整改难度大、治理周期长的一般隐患实施挂牌督办。

（3）重大隐患应当提级由企业安全生产第一负责人督办，同时建立重大隐患“两单一表”（签发督办单－制定管控表－上报反馈单）管控机制，见表5-9。

表 5-9　　安全隐患治理验收单

隐患编号		隐患等级	一般隐患/较大隐患/重大隐患
隐患简题			
治理措施			
安管平台计划编号		关联工作票编号	
是否立项		项目编号	
项目名称			
验收结论	20××年××月××日，由××部门对××单位负责治理的××（一般、较大、重大）隐患，经过现场检查验收，该隐患已经治理完成，满足规程规定，符合安全运行条件。		
验收负责人签字			

第三节　事故致因理论及根本原因分析方法

在本书的第一章中，列举了一些典型的水电企业事故案例。这些事故为何会发生，与双重预防机制建设有何必然联系？如何通过双重预防机制建设的过程，持续深化并充分发挥其作用？要解答这些问题，首先要弄清楚事故致因理论和根本原因分析如何在企业中得以有效运用。

通过对这些事故案例的深入剖析，可以发现，很多事故的发生都与双重预防机制的缺失或失效密切相关。因此，建立和健全双重预防机制，对于防范和遏制事故的发生具有重要的现实意义。在这一过程中，企业需要对事故致因理论有深入的理解和掌握，以便准确地识别和消除潜在的安全隐患。

同时，还需要关注根本原因分析在企业中的实际应用。通过对事故的根本原因进行深入剖析，企业可以找出事故发生的深层次原因，从而在源头上预防事故的发生。根本原因分析还有助于企业从制度、管理、技术等多方面，全面深化双重预防机制的建设。

一、事故致因理论

事故致因理论是对大量典型事故的本质原因进行分析后，提炼出的事故机理和事故模型。这些模型反映了事故发生的规律，为事故原因的定性、定量分析，预测预防，以及改进安全管理工作提供了科学的、完整的理论依据。以下为具有代表性的事故致因理论：

（一）海因里希因果连锁理论

海因里希是最早提出事故因果连锁理论的人。他利用该理论阐明了导致伤亡事故的各种因素及其与伤害之间的关联。该理论的核心观点是：伤亡事故的发生并非孤立事件，而是一系列原因事件相继导致的结果，即伤害与各原因之间存在连锁关系。海因里希的事故因果连锁过程包括五种因素：

（1）遗传及社会环境：这是导致人的缺点的原因。

（2）人的缺点：由遗传和社会环境因素造成的人的缺点。

（3）人的不安全行为或物的不安全状态。

（4）事故：事故是物体、物质或放射线等对人体产生作用，导致人员受到或可能受到伤害的、意外的、失去控制的事件。

（5）伤害：直接由事故导致的人身伤害。

该理论的积极意义在于，如果移除因果连锁中的任何一块骨牌，连锁将被破坏，事故过程将被中断。海因里希认为，企业安全工作的核心是防止人的不安全行为或消除物的不安全状态，从而中断事故连锁的进程，避免伤害的发生。

（二）博德事故因果连锁理论

博德在继承海因里希事故因果连锁理论的基础上，提出了与现代安全观点更加吻合的事故因果连锁理论。

（1）管理缺陷：对于大多数企业来说，完全依赖工程技术措施预防事故既不经济也不现实。企业管理者必须认识到，只要生产没有实现本质安全化，就有发生事故及伤害的可能性，因此安全管理是企业管理的重要一环。

（2）个人及工作条件的原因：这方面的原因是由于管理缺陷造成的。个人原因包括缺乏安全知识或技能，行为动机不正确，生理或心理有问题等；工作条件原因包括安全操作规程不健全，设备、材料不合适，以及存在有害作业环境因素，如温度、湿度、粉尘、气体、噪声、照明、工作场地状况等。

（3）直接原因：人的不安全行为或物的不安全状态是事故的直接原因。这种原因是安全管理中必须重点追究的原因。

（4）事故：这里的事故被看作是人体或物体与超过其承受阈值的能量接触，或人体与妨碍正常生理活动的物质的接触。

（5）损失：人员伤害及财物损坏统称为损失。人员伤害包括工伤、职业病、精神创伤等。

（三）亚当斯事故因果连锁理论

亚当斯提出了一种与博德事故因果连锁理论类似的因果连锁模型，该模型以表格的形式呈现，如表 5-10 所示。

表 5-10　　亚当斯事故因果连锁模型

管理体系	管理失误		现场失误	事故	伤害或损坏
组织 目标 机能	领导者在下述方面决策失误或没做决策： 方针政策 目标 规范 责任 职级 考核 权限授予	安技人员在下述方面管理失误或疏忽： 行为 责任 权限范围 规则 指导 主动性 积极性 业务活动	不安全行为 不安全状态	伤亡事故 损坏事故 无伤害事故	对人 对物

亚当斯理论的核心在于深入探究现场失误的根源。现场失误，如操作者的

不安全行为和生产过程中的不安全状态，往往源于企业管理层和安全技术人员的管理疏忽。这些失误很大程度上受到企业领导决策和安全管理层工作的影响。管理失误往往源于企业管理体系存在的问题，包括如何有组织地进行管理工作、确定合适的管理目标、制定和执行计划等。管理体系反映了领导层的信念、目标和规范，决定了各级管理人员的工作重点、基准和指导方针等重大问题。

（四）北川彻三的事故因果连锁理论

日本学者北川彻三对海因里希的理论进行了修正，提出了一种全新的事故因果连锁理论。该理论的模型详见表 5-11。

表 5-11　北川彻三的事故因果连锁理论模型

基本原因	间接原因	直接原因		
学校教育的原因 社会的原因 历史的原因	技术的原因 教育的原因 身体的原因 精神的原因 管理的原因	不安全行为 不安全状态	事故	伤害

在北川彻三的因果连锁理论中，提到了基本原因中的各个因素，这些因素已经超出了企业安全工作的范围。然而，充分认识这些基本原因因素对于综合利用可能的科学技术和管理手段来改善间接原因因素，以预防伤害事故的发生，是至关重要的。

（五）综合原因论

（1）事故的发生并非由单一因素所致，也非个人偶然失误或设备故障所引发，而是多种因素共同作用的结果。事故的发生有其深层次的原因，包括直接原因、间接原因和基础原因。

（2）综合原因论认为，事故是社会因素、管理因素和生产中的危险因素在偶然事件的触发下导致的。事故的形成过程是由起因物、肇事人引发加害物对受伤害人产生影响，从而形成灾害现象和事故经过。

（3）意外（偶然）事件的触发，源于生产环境中存在危险因素，即不安全状态。这些危险因素与人的不安全行为共同构成事故的直接原因。管理上的失误、缺陷和管理责任导致了这些物质、环境和人的原因，它们构成了直接原因的间接原因。社会经济、文化、教育、社会历史、法律等因素是形成间接原因的基础原因，统称为社会因素。

（4）事故产生的过程可以概括为基础原因的“社会因素”产生“管理因素”，进而产生“生产中的危险因素”，并通过人与物的偶然因素触发，导致伤亡和损失。

（5）在事故调查分析过程中，需要逆向追踪，从事故现象出发，了解事故经过，进一步探究物的环境原因和人的原因等直接导致事故的因素，然后顺藤摸瓜，追溯到管理责任（间接原因）和社会因素（基础原因）。

二、探究根本原因

事故的发生并非由于某一项工作的失误，而是由于多项工作的交叉失误。发现问题和隐患相对容易，但找出导致问题和隐患的根本原因，从而防止治标不治本、问题重复出现，是每位企业管理者需要深入研究的问题。

（一）根本原因分析的定义与原理

（1）根本原因分析（Root Cause Analysis，RCA）是一种结构化的问题处理方法，旨在逐步找出问题的根本原因并加以解决，而非仅仅关注问题的表征。这一过程包括确定和分析问题原因，找出问题解决办法，以及制定问题预防措施。在组织管理领域，根本原因分析有助于利益相关者发现组织问题的症结，找出根本性的解决方案。

（2）根本原因分析技术的发展可追溯至 20 世纪 50 年代，美国航空航天工业开始使用这种方法来分析飞机事故。此后，该方法逐渐应用于医疗、制造业、交通以及安全生产领域。

（3）根本原因分析技术的理论基础，主要包括系统理论、人因工程学、行为科学等。它认为事故或问题往往是由多个因素相互作用导致的，而非单一原因。因此，通过分析这些因素之间的相互关系，可以找出导致事故或问题发生的根本原因。

（4）根本原因，即引起所关注问题的最基本原因。由于问题的原因通常有很多，如物理条件、人为因素、系统行为或流程因素等，因此，通过科学分析，可能发现不止一个根源性原因。

（二）根本原因分析的方法

根本原因分析技术的方法主要包括鱼骨图（也称为因果图或石川图）、事件树分析、故障树分析、头脑风暴、因果分析、WHY-WHY 等。这些方法通过收集和分析相关数据，找出导致事故或问题发生的根本原因，并提出相应的改进措施。

（1）因果图，即鱼骨图。这是一种描述一个结果和所有可能对其产生影响的原因之间关系的方法。其步骤包括：定义问题，作图，描述所有相关的任务，复核图表，确定纠正行动。

（2）头脑风暴法。这是一种揭示所有可能的原因和所有选择方案，并导出纠正措施的最有效方法。头脑风暴法规则：决不批评任何一个想法；快速地写下每个想法并保持思维流畅；鼓励在他人的意见基础上提出想法；鼓励发散性思考；将规则张贴在团队成员都能看见的地方。指派一个记录员将各种想法写在纸上。要使讨论充满乐趣，记住即使愚蠢的想法也可能引发他人想到一个有用的点子。

（3）因果分析。首先，清楚地陈述问题或目标；其次，确认 3～6 个主要的原因类别；然后，针对每个原因思考可能对其起作用的因素，并把这些因素放在从原因出发的一条线上；接着，讨论每个因素和它如何对某个原因起作用，将该信息列在原因旁；之后，对最可能的原因达成一致，将它们圈出来，寻找那些重复出现的原因；最后，同意将采取的步骤，以收集数据确认原因或通过采取纠正措施消除原因。

（4）因果分析—WHY-WHY 图。这是一种简单而有效的方法，通过层层分解原因找出导致一个问题不断发生的根本原因。确定问题或目标，将其写在图的最左边的一个方框内，确保所有成员都知道这个问题或目标；确定原因或任务，写在方框的右边的分枝上；然后，继续阐明原因或任务，并在右边画上新的分枝；最后，重复上述步骤直到每个分枝到达它的逻辑终点。检查树状图，确定是否需要增加其他信息或在层次上是否有欠缺的地方，并制定行动计划。

安全生产管理的关键环节在于确保工作环境的安全性，以及预防事故的发生。在这一过程中，根本原因分析发挥着至关重要的作用。作为一种确定事故或问题根本原因的方法，根本原因分析的目标是揭示导致事故或问题发生的根本原因，以便采取相应措施，防止类似事故或问题的再次发生。

（三）根本原因分析在安全生产管理中的重要性

（1）预防事故重演：通过分析事故的根本原因，根本原因分析有助于确定导致事故的关键因素，从而采取措施防止同类事故再次发生。

（2）提高安全意识：根本原因分析过程中的深入讨论和分析可以增强员工的安全意识，更加明确安全生产的重要性。

（3）改进管理决策：根本原因分析提供了事实基础的决策支持，帮助管理层制定更加有效的安全策略和程序。

（四）根本原因分析的应用范围

（1）事故调查：发生事故后，首先进行现场调查，收集与事故相关的所有信息。

（2）问题定义：清晰地定义问题，明确事故发生的具体情况和影响。

（3）数据分析：利用根本原因分析工具（如 5why 分析法、鱼骨图等）分析数据，识别问题的潜在原因。

（4）识别根本原因：通过分析确定问题的根本原因。

（5）制定和实施解决方案：根据分析结果制定相应的解决方案，并付诸实施。

（6）根本原因分析法最常见的步骤是提问“为什么会发生当前情况”，并对可能的答案进行记录。接下来，对每个答案再追问一个“为什么”，并记录下原因。根本原因分析法的目的就是要努力找出问题的作用因素，并对所有的原因进行分析。这种方法通过反复问一个“为什么”，能够把问题逐渐引向深入，直到发现根本原因。

（7）找到根本原因后，就要进行下一个步骤：评估改变根本原因的最佳方法，从而从根本上解决问题。这是另一个独立的过程，通常被称为纠正和预防。

在安全生产管理中，根本原因分析技术可以帮助企业识别和解决潜在的安全风险和问题。通过分析事故或问题的根本原因，企业可以采取相应的措施来预防类似的事故或问题再次发生。此外，根本原因分析技术还可以帮助企业改进工作流程和管理系统，提高安全生产管理水平。

（五）根本原因分析的挑战与应对策略

（1）数据的准确性和完整性：确保收集到的数据准确无误，覆盖事故的各个方面。

（2）跨部门合作：通常需要跨部门协作来完成根本原因分析，这要求良好的沟通和协调。

（3）持续改进：根本原因分析不是一次性活动，而是一个持续改进的过程，需要定期回顾和更新。

企业面对的许多疑难问题都有多种应对方法，这些各不相同的解决之道，对于企业来说亦有不同程度的资源需求。因为这种关联性的存在，就需要有一套最为有利的方案，能够快速妥善地解决问题。

第六章　水电站双重预防机制建设实例

为了更好地让读者理解前文所表述的内容，特以某水电站为例，深入浅出地为大家讲解水电站双重预防机制的建设内容。水电站双重预防机制的建设是一项系统工程，需要综合考虑多种因素。通过完善安全管理体系、加强应急措施、注重科技创新等手段，可以有效提升水电站的安全性能，保障人员安全和设备稳定运行。

第一节　推进安全管理体系有效落地、实施

企业始终坚持“安全第一”理念，落实“三管三必须”，健全各专业深度融合、责任内嵌、管理闭环的安全管理体系，将责任意识与风险意识贯穿始终，持续推进安全生产标准化、规范化、体系化。

一、责任内嵌，强化安全生产责任制落实

以安全生产组织机构为脉络，全面梳理制度、职责、工作、流程，明确各部门、各专业在上级单位大安全框架下的职责，准确划出开展业务需要遵循的规章制度和红线、底线要求，科学界定业务安全管理范畴和机制方法。滚动修编领导干部“两个清单”和《全员岗位安全责任清单》，明确安全生产工作职责和任务，确保每项工作有人负责、有人落实、有人督促、有人检查。

二、坚持“三定原则”，全面开展管理制度“废改立”

按照“明确定位、准确定标、科学定事”的原则，完善各级安全管理体系文件。坚持“写我所做、做我所写”，做好制度梳理、职责梳理、流程梳理、工作梳理。确保责任准确嵌入，优化管理流程，解决了体系文件系统性不强、管理要求不具体、5W1H不明确等突出问题，形成体系完整、责任明确、管理规范、闭环落实的安全风险管理内控体制机制。

系统梳理部门、班组级《定期工作清单》（见表6-1），明确了部门、班组级工作开展的频次、周期和具体工作内容，用最简单的方式让部门管理者、班组执行者清楚日常需要开展哪些工作，为基层“减负”。

表6-1　　部门安全生产定期工作清单（节选）

序号	频次	具体工作要求	依据文件
1	每日、每月	按要求参加厂部组织的安全例会，每个工作日本企业主任参加企业安全生产工作例会，汇报设备运维及消缺情况。主任每月组织管理人员和班组长召开一次安全生产月度分析会。及时宣贯上级安全监督管理部门下达的最新文件精神。	运维检修管理程序文件
2	每日、每月	开展防火日巡、防火月检，落实上级专项检查要求，并填写《防火日巡记录表》，《防火月巡记录表》。	消防安全管理程序文件
3	每周、每月	利用每月安全生产例会、周安全生产例会统筹开展承载力分析工作。	安全生产风险管理程序文件
4	每周	主任组织、技术专责及班组审核周作业计划、临时计划。	安全生产风险管理程序文件
5	每月	编制月度作业计划，并报送专业管理部门审核。	安全生产风险管理程序文件
6	每月	统计分析范围内重大、一般安全隐患，并上报安全监督管理部门。	安全隐患排查治理程序文件
7	每月	每月25日前向技术监督办公室报送技术监督月报。	技术监督管理程序文件
8	每月	执行上级反违章积分标准，由安全员对班组单位进行违章记分管理，并将违章记分作为班组和个人考核以及评先评优等的重要依据。安全员每月统计反违章管理工作开展情况，上报给安全监督管理部门。	反违章工作管理程序文件
		……	

三、大力开展安全管理体系教育培训

编制安全管理体系培训手册。分层级、分专业开展四级五类人员的安全管理体系培训，用简单易懂的方式让全员感知体系、认同体系。形成领导干部以身作则、率先垂范，管理人员深入基层指导业务开展，一线员工按章办事及时提出改进建议的工作机制，营造“按章办事就是控风险”“规范做事就能把体系运行好”的良好氛围。指导全员准确掌握风险管控机制、隐患排查措施，在具体工作中用好标准，确保制度要求有效落地。

第二节　发挥安全文化建设指引和驱动作用

发挥安全文化建设在指引和驱动企业安全发展中的重要作用，需要企业从多个方面入手，不断完善安全管理体系，加强员工安全培训，营造积极的安全文化氛围。只有这样企业才能确保安全生产的顺利进行，为企业的可持续发展提供有力保障。

一、安全文化建设的意义

发挥安全文化的指引和内在驱动作用，是企业实现安全生产的关键。企业应从建立安全目标、加强安全培训、完善安全激励机制等方面入手，不断提高安全文化建设水平，为企业的可持续发展提供坚实的安全保障。

（1）建立明确的安全目标和理念。这些目标和理念应与企业的战略发展方向相一致，以确保员工在追求经济发展的同时，始终将安全放在首位。企业还应该将安全目标和理念融入日常工作中，使其成为员工的行为指南。

（2）加强安全培训和教育。通过定期举办安全培训班、讲座等形式，提高员工的安全意识和技能。同时，企业还可以利用网络平台、内部刊物等渠道，传播安全知识，营造浓厚的安全氛围。

（3）建立完善的安全激励机制。对表现突出的员工给予奖励和表彰，对安全事故责任者进行严肃处理，以激发员工积极关注和参与安全工作的热情。

（4）注重安全文化建设的过程和持续改进。安全文化建设是一个长期、动态的过程，企业需要根据实际情况和需求，不断完善和调整安全文化建设策略，确保其发挥最大的作用。

安全文化不仅是一种价值观和行为规范，更是一种内在的驱动力，能够引导员工形成正确的安全意识和行为。为了更好地发挥安全文化的指引和内在驱动作用。

二、以风险预控为核心的安全文化指引

在“策划”这个环节，秉承着“法律法规和制度要求、风险、隐患”三个要素，紧紧围绕公司的安全生产方针和目标，进行深入地识别和评估。依据法律法规、风险和隐患等因素，制定出一系列的防范和控制措施，以确保公司的安全生产目标得以实现。“依法治安”是安全策划的总体遵循原则，如图6-1所示。

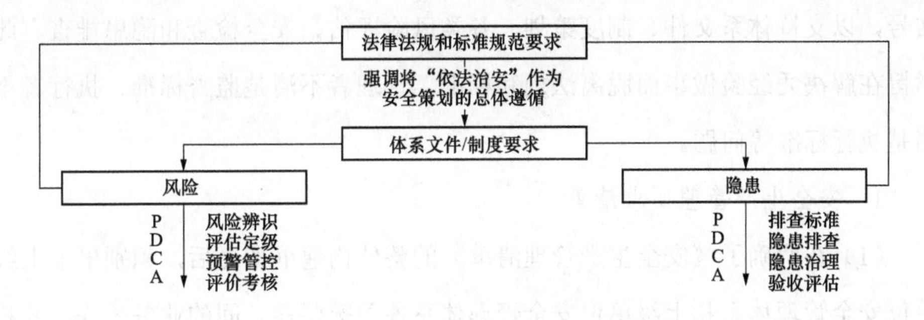

图6-1　安全管理体系建设要求（示例）

三、安全风险的组成、分布

在工作实践中，全面考虑风险损失承担者、受损对象、风险源头、现状、影响以及事故成因等多方面因素，充分平衡企业运营、员工安全保障需求以及

安全生产的持久稳定。聚焦于安全生产合规风险、作业风险、设备风险、建筑物风险、职业健康风险以及交通安全风险等关键领域，开展风险识别和分析工作，并针对性地制定和执行风险预控策略，确保风险始终处于可控、在控状态，详见图 6-2。

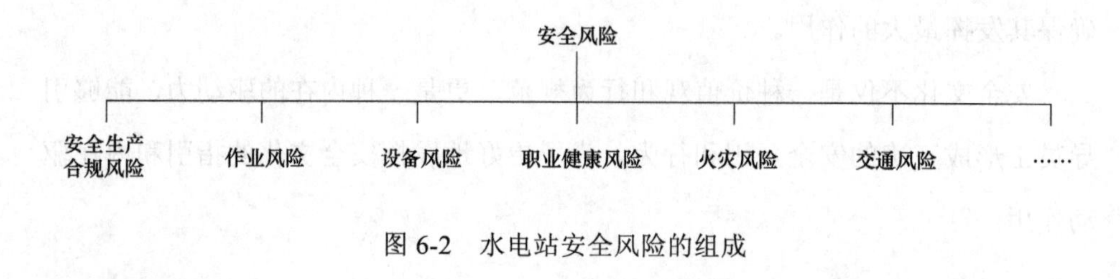

图 6-2 水电站安全风险的组成

四、建立安全管理和技术要求清单

对涉及水电行业安全生产管理工作的法律法规、国家强制标准以及企业运行、检修和安全工作规程进行了系统梳理和分类，分为管理类和技术类两大方面，并根据企业所在区域位置和专业特点进行细致地划分。建立了《安全生产管理标准和技术要求清单》的标准数据库，其中包含具体条款和现行法规标准文号，以支持体系文件、制度策划、各类风险评估、安全检查和隐患排查。此举旨在解决凭经验做事而脱离法规和标准、管理者不清楚监督标准、执行者不清楚执行标准等问题。

1. 安全生产管理要求清单

（1）在明确了《安全生产管理清单》的整体构建框架之后，识别出了上级单位安全管理体系和上级单位安全管理体系各关键要素之间的业务关联，并将它们进行了深度整合，构建了基本的要素管理识别模块。

（2）《安全生产管理要求清单》的制定，遵循了安全管理体系的相关要求，广泛参考了国家法律、行政法规、部委规章、国家标准、行业标准、地方性法规、政府规章、政策文件，以及上级单位的工作总体要求。同时，还结合了水电站的工作特性，将这些要素进行了高度关联和整合。

（3）收集和获取了以上法规、标准、上级单位要求等源文件，识别现行法规、标准、上级单位要求，并以此指导体系文件的修编和整合，使整个安全管理体系更加完善，见表6-2。

表6-2　　安全管理要求清单（节选）——风险管理

序号	名称	适用条款	条款内容	适用要素名称	体系文件应用
1	《中华人民共和国安全生产法》	第四十一条	生产经营单位应当教育和督促从业人员严格执行本企业的安全生产规章制度和安全操作规程；并向从业人员如实告知作业场所和工作岗位存在的危险因素、防范措施以及事故应急措施。	3.2　风险	《安全管理手册》《安全生产风险管理程序文件》
2		第五十条	生产经营单位的从业人员有权了解其作业场所和工作岗位存在的危险因素、防范措施及事故应急措施，有权对本企业的安全生产工作提出建议。	3.2　风险	《安全管理手册》《安全生产风险管理程序文件》
3			……		

（4）安全生产管理要求清单识别在提高企业目标实现可能性、鼓励主动管理、改进风险影响识别、增强企业恢复能力等方面发挥着至关重要的作用。

1）通过充分识别管理要求，企业能够提高实现目标的机会，同时增强应对威胁的能力，以应对客观存在的风险不确定性。

2）促使企业从被动管理转向主动管理。企业在应对外部监管时，往往只能采取被动的方式进行风险管理。然而，通过识别管理要求，企业能够主动地管理风险，从而更好地应对各种状况。

3）有助于提高企业的学习能力。企业应对未来不确定性的因素、把握和改变，最终取决于其学习能力，包括对先进理论和最佳实践的学习。

4）能够增强企业的恢复能力。在企业的生命周期中，总会遇到不同程度的伤害和损失。若企业不具备恢复能力，必将难以生存。

2. 安全生产技术要求清单

关注水电站生产运营全周期的安全技术要求，并结合安全风险分类的内容。

重点考虑对风险来源的分析、存在状态的识别、影响范围的控制、损害对象的保护以及事故原因的分析等方面。通过识别相关条款，将这些要求转化为具体的工作任务，以确保管控动作的依法合规和行之有效。

（1）对于安全生产的技术要求，需要进行识别并明确其在安全管理体系中的执行性文件定位，如通用作业指导书、专业作业指导书和作业文件，为其提供清晰的索引和依据。这不仅是各类企业的不足之处，也反映了安全生产管理离不开技术管理要求的观点，安全生产管理总体思想可被视为一门技术学科。

（2）结合水电厂现场的实际技术要求特点和风险重点关注，需要对技术要求进行分类，包括作业安全、生产设备、消防安全、工作场所、生产用具、危险物品、特种设备、交通安全、职业卫生、生态环保、应急管理和自然灾害等十二大类，作为一级专业目录。然后，将一级专业目录进一步划分为若干个专项，作为不同专项的管理依托。识别并获取该专项所需的法规、标准文件，作为条款识别的基础，见表6-3。

表6-3　　技术要求清单（节选）——特种设备管理

序号	专业	专项	引用标准
1	特种设备管理	特种设备安全管理要求	中华人民共和国特种设备安全法（中华人民共和国主席令第 4号） 特种设备事故报告和调查处理规定（2022）（国家市场监督管理总局令第50号） 特种设备安全监察条例（中华人民共和国国务院令第549号） 特种设备使用单位落实使用安全主体责任监督管理规定（国家市场监督管理总局令第 74号） 特种设备使用管理规则（TSG 08—2017） 特种设备事故报告和调查处理导则（TSG 03—2015） 特种设备事故应急预案编制导则（GB/T 33942—2017）
2		锅炉	锅炉安全技术规程（TSG 11—2020） 锅炉节能环保技术规程（TSG 91—2021） 电力行业锅炉压力容器安全监督规程（DL/T 612—2017）
3		压力容器	压力容器定期检验规则（TSGR 7001—2013） 压力容器监督检验规则（TSGR 7004—2013） 固定式压力容器安全技术监察规程（TSG 21—2016）

续表

序号	专业	专项	引用标准
3	特种设备管理	压力容器	防止电力生产事故的二十五项重点要求（2023 版）（国能发安全〔2023〕22 号）
4		气瓶	钢质无缝气瓶定期检验与评定（GB/T 13004—2016）
5		正压呼吸器	呼吸器用复合气瓶定期检验与评定（GB/T 24161—2009）
6		压力管道	压力管道定期检验规则　公用管道（TSG D7004—2010） 压力管道定期检验规则　工业管道（TSG D7005—2018） 压力管道安全技术监察规程 工业管道（TSG D0001—2009）
7		门式起重机	起重机械安全规程　第 1 部分：总则（GB/T 6067.1—2010） 起重机械安全规程　第 5 部分：桥式和门式起重机（GB/T 6067.5—2014） 水电站桥式起重机基本技术条件（NB/T 11003—2022）
8		桥式起重机	起重机械安全规程　第 1 部分：总则（GB/T 6067.1—2010） 起重机械安全规程　第 5 部分：桥式和门式起重机（GB/T 6067.5—2014） 水电站桥式起重机（SL 673—2014）
9		电动葫芦	钢丝绳电动葫芦（第 1～2 部分合订）（JB/T 9008.1～2—2015）
10		流动式起重机	起重机械安全技术规程（TSG-51—2023）
11		场（厂）内专用机动车辆	场（厂）内专用机动车辆安全技术规程（TSG 81—2022）
12		电梯	电梯监督检验和定期检验规则（TSG T7001—2023） 电梯维护保养规则（TSG T5002—2017） 电梯自行检测规则（TSG T7008—2023）
13		安全附件	安全阀安全技术监察规程（TSG ZF001—2006） 爆破片装置安全技术监察规程（TSG ZF003—2011） 安全阀与爆破片安全装置的组合（GB/T 38599—2020）
14		特种设备作业人员	特种设备作业人员资格认定分类与项目（国家市场监督管理总局〔2019〕第 3 号） 特种设备作业人员监督管理办法（国家质量监督检验检疫总局令第 140 号） 特种设备作业人员考核规则（TSG Z6001—2019） 特种设备焊接操作人员考核细则（TSG Z6002—2010）

（3）为了识别具体的法规、标准、上级单位要求等源文件，需要建立在条款识别的工作基础之上。需要开展具体条款的识别，并确定其在体系文件

中的范围和位置。技术要求清单供识别现行法规、标准、上级单位要求，见表6-4。

表6-4　　技术要求清单－特种设备－桥机（节选）

序号	内　容	条款
1	当臂架俯仰摆动或臂架及物品坠落会影响司机室安全时，司机室不应设置在起重臂架的正下方。	起重机械安全规程　第1部分：总则（GB/T 6067.1—2010）3.5.2
2	当存在坠落物砸碰司机室的危险时，司机室顶部应装设有效的防护。	起重机械安全规程　第1部分：总则（GB/T 6067.1—2010）3.5.3
3	在高温、蒸气、有尘、有毒或有害气体等环境下工作的起重机，应采用能提供清洁空气的密封性能良好的封闭司机室。在有暖气的室内工作的起重机司机室或仅作辅助性质工作较少使用的起重机司机室，可以是敞开式的，敞开式司机室应设高度不小于1m的护栏。	起重机械安全规程　第1部分：总则（GB/T 6067.1—2010）3.5.4

（4）安全生产技术要求清单识别在保障生产安全方面发挥至关重要的作用。通过识别清单中的各项要求，企业可以确保其生产活动符合相关法律法规和标准，从而避免潜在的安全风险和事故隐患。此外，清单识别还有助于企业对安全生产技术进行系统化管理，为相关部门提供依据和指导。体现在：

1）作为安全管理和专业管理的“工作字典”，能够快速检索并查找最为标准的国家、地方和上级单位的具体要求，让工作有据可依。

2）适用于各级、各专业的安全教育培训材料，帮助学会“按标准组织培训”，从而提高培训效果。

3）可以提供依据，制定各类安全检查/隐患排查标准，告别经验主义，采用更加直接的方法告诉员工检查重点，确保安全。

4）作为各级体系文件（制度）的修编依据，尤其是执行性文件修编的依据。在修编体系文件时，应充分参考此清单的相关内容，确保各项文件策划层面的合规性，让工作更加规范。

5）作为各类风险预控措施制定的重要依据，可以确保风险预控措施的制定有根有源、依法合规，让工作更加稳健。

第三节 作业和专项风险的立体化管控策略

采用作业风险为主，其他专项风险为辅的风险分级管控框架，将搭建作业风险和专项风险进行整合，构建了多元化的风险管理模式，涵盖作业风险、设备风险、火灾风险、交通风险以及职业健康风险。通过规范风险辨识、评估定级、预警管控和评价考核流程，实现了风险管理的全面化、系统化、立体化。

一、作业风险分级管控

（一）建立典型风险评估数据库、控制卡库

（1）梳理风险点（源）清单、明确作业活动范围，见表6-5。

表6-5 作业风险划分表（示例节选）

序号	专业	风险点（源）	作业活动
1	运行	发电机、水轮机、变压器、线路、保护装置、直流设备、监控设备、风系统、排水系统、液压油系统、闸门系统、机组闸门系统、泄水建筑、消防系统等。	巡回检查、操作、试验等。
2	通信	高频开关电源、通信电源负载、通信电源事故照明、通信电源屏柜装置、通信蓄电池、通信设备、网管终端、数据通信接入网PE路由器、PCM设备、通信线缆、交换设备、终端设备、应急广播系统、通信盘柜、通信线缆、视频会议终端、调度数字录音系统等。	切换试验、维护、清扫检查、测试、数据核查、巡回检查、数据备份、各类检查等。
3	电气	发电机、电动机、主变压器、厂用变压器（油变）、励磁变压器、发电机、电流互感器、电压电感器、断路器、母线、隔离开关、绝缘子、套管、避雷器、接地装置、GIS、继电保护系统、电气测量系统、测温系统、电能表装置、电缆、电力电缆、配电箱（控制箱）、照明线路、照明灯具、照明设施、开关柜、临时电源、自动消防系统等、微机调速器、监控系统、励磁系统、直流系统、电制动系统、技术供水控制设备、压油系统控制设备、遥视系统。	改造、检修、故障检查、试验、电源接引、测试、校验等。
4	水工	照明电源箱、照明设施灯柱灯具、断路器开关、供水系统滤水器、供水系统水泵电机、闸门启闭系统电控盘柜、闸门液压泵站电机、卷扬式启闭机电动机、	操作、检修维护、清扫、检查、定期调试、测试、试验、防腐、测量、观测、潜

续表

序号	专业	风险点（源）	作业活动
4	水工	闸门启闭系统闸门系统、柴油发电机设备、工作闸门、闸门液压启闭机、供水系统管路及阀门、供水系统水泵、闸门液压泵站泵、闸门液压泵站集油箱（罐）、闸门启闭系统闸门开度测量装置、卷扬式启闭机、机组检修闸门、机组尾水闸门、汽车吊、大坝坝体、水库水位自动监测系统、水务自动计算系统、水库水位自动监测系统、水库积淤、泄水建筑物渠（洞）身、集水井、大坝混凝土坝体、大坝、输水系统混凝土、厂坝区边坡、厂坝区地面、金属构件设备、管路等。	水作业、水工建筑开挖、修复、灌浆、清污、削坡、清淤等。
5	机械	发电机、水轮机、技术供水管路阀门、空气冷却器、桥式（含门式）起重机、永磁机、励磁机和辅助发电机、风机机械部分、压油装置机械部分、监测系统部分、压力钢管、尾水管、压力表、压力变送器、空压机、在线监测系统。	检修、试验、金属监督、起重吊装作业、动火作业、仪器校验等。
6	检修	调相机检修维护、小型基建项目。	调相机检修、试验、电阻测量、试验、清理、小型基建项目的土方开挖、钢筋工程、模板支护、混凝土工程、砌筑工程、屋面工程、窗户安装、防腐、高边坡混凝土挡墙开挖、基面清理、高边坡混凝土挡墙混凝土搅拌、浇筑等。
7	修配	车床、铣床、刨床、水流切割机、八米立车、钻床、钳工台、钻床电焊机。	操作、检修、作业等。
8	后勤	消防控制系统及水泵设备、消防水箱。	检查维护、试验等。
9	检修维护	10kV 线路及变电站、配电箱、配电电缆、变压器、高压开关柜、断路器、高、低压电缆、负荷柜、配电箱。	检修、检查、清扫、试验等。
10	信息	蓄电池、网络设备、安全设备、业务系统。	蓄电池均充、放电、数据业务中断处理等。

（2）根据本书前文介绍的作业风险评估方法，预先预判，依据 GB/T 13861—2022《生产过程危险和有害因素分类与代码》5 分类与代码中的环境因素的内容，考虑室内、室外、地上等作业（施工）环境，作为风险分析的危害因素进行分析。然后对照 GB/T 6441—1986《企业职工伤亡事故分类》中的 20 种事故后果类型进行事故后果分析，最后分别制定通用型风险控制措施，见表 6-6。

表 6-6　　　　作业环境风险辨识及控制措施（节选）

危险源	事故后果类型	现场直接应用的控制措施	日常的风险控制措施
地面有油污或其他液体、润滑物质	其他伤害	1. 作业前视地面环境状态，对地面油污、液体或润滑物质进行清理。 2. 当油污、液体、润滑物无法完全清理到位时，应在地面处覆盖石棉布等防滑措施。	1. 当地面的材质不满足防滑要求时，进行改造，将其改为防滑材质。 2. 储备石棉布等防滑材，确保其库存充足，保障作业准备需要。 3. 结合班组活动等向工作负责人、作业人员进行培训，使其具备能够在作业前对现场作业环境风险分析的能力，包括对地面状态、人的按规程作业和采取何种控制措施等。
转动的机械	机械伤害	1. 正确佩戴安全帽，衣服和袖口应扣好，不得戴围巾领带，长发必须盘在安全帽内。 2. 不准将用具、工器具接触设备的转动部。 3. 不准在转动设备附近长时间停留。 4. 应与转动的机械保持足够的安全距离，确保体位在转动设备安全防护设施以外。	1. 转动机械周边设置“当心机械伤害”等警示标志。 2. 日常检查转动机械的防护设施，应固定牢靠、完好。
带电体	触电	1. 严格按照标识的规定路线行走，严格保持与不停电设备的安全距离。 2. 拉设警示隔离带，划定作业活动区域，防止作业人员误入带电区域。	结合安规组织培训，使员工清楚设备不停电时，与带电设备间的安全距离。
作业空间狭窄	物体打击	1. 作业前根据空间的性质和工作量，做好人员数量分配和工器具使用选择。 2. 需要多人配合的作业，相互配合人员采用合理的工位配合方式，统一协调。 3. 对于容易飞出的工器具和零部件，做好防止脱落措施，如扳手尾端绑扎防坠绳等，防止扳手等脱落和飞出。	1. 配置不同型号的工器具，满足特殊条件下的使用需求。 2. 多人配合的作业活动，在日常做好配合演示和事故预想。 3. 提报、采购工器具时，尽量采购能够自带安全控制措施功能或预留出能够补充进行安全措施的工器具，如扳手尽量采购尾部带有防坠孔的扳手，以便绑扎防坠绳。
室内墙/天花板存在缺陷	物体打击	1. 在存在缺陷的墙/天花板等处拉设隔离措施，防止作业人员在其作业面内活动，当作业位置必须在其下方时，应先对墙/天花板等高处缺陷进行维护、消缺。 2. 对于因生产设备、设施的设计或作业位置不符合人类工效学要求而引起作业人员疲劳、损劳应合理编排人员上岗班次、减少单人、单次作业时间。	当存在建（构）筑物缺陷时，第一时间消缺；当无法完成全部消缺时，应确保其风险源的风险等级降低，不影响作业任务的顺利开展。

续表

危险源	事故后果类型	现场直接应用的控制措施	日常的风险控制措施
作业现场地面不平	其他伤害	1．作业前对于现场不平地面进行处理或加盖盖板、平台或钢架，以使其满足作业活动需求。 2．当无法进行前期处置或条件受限处置不到位时，应避免对现场不平地面进行踩踏。	1．现场的不平地面分为两种，一是现场设备、管道造成的复杂的地面环境，应做好临时性防护措施。二是地面本身存在坑洼空洞，应列入缺陷，及时消缺处理。 2．在日常班组活动、安全交底中，对现场存在的复杂地面环境状态进行识别，使员工和承包商清楚针对上述两种不安全的地面条件如何进行管理和作业过程控制。
可燃物接触火源或高温	火灾	1．作业前、中、后清理作业点周边易燃物。 2．采用灭火毯等措施对无法清理的可燃物进行防护，如易积聚可燃气体的地沟、油箱等。 3．设置防火花喷溅罩，或者用不燃物进行遮挡。 4．设置灭火器等消防器材。	1．选用的可燃气体监测仪器应符合现场实际，并定期校验、检查，确保状态完好性。 2．每年开展动火作业负责人、动火人员、监护人员消防知识培训，掌握动火管理相关技能。
作业梯、架不牢固或承载负荷低	坍塌	1．攀爬前对现场梯、架的完好性进行检查和确认，同时确认其承载能力，符合要求再进行攀爬。 2．在使用梯子、平台等设施或在其上方作业时，根据其位置应补充其他防护措施，如系挂安全带等。	1．对梯子、平台等进行识别和编号，并在现场标注其承载能力。 2．结合日常检查对包括楼梯、阶梯、电动梯和活动梯架，以及这些设施的扶手、扶栏和护栏、护网等的使用状态进行检查，检查是否存在移位、脱焊、变形等安全隐患，及时处理。
现场未设置安全通道或安全通道狭窄、堵塞	火灾	1．作业前应识别现场安全通道位置/状态，确保其畅通。 2．作业过程中严禁将作业垃圾、设备/零部件/工器具等堆放于安全通道处。 3．现场人员应熟悉现场安全通道设置情况，工作负责人工前应对现场安全通道设置情况进行交代，使作业人员清楚。	1．结合日常的防火巡查对安全通道、应急警示标识进行排查和试验，确保其处于完好状态。 2．根据要求对建构筑进行检查、鉴定和评估，基于建构筑安全风险管理，确保其处于安全状态。 3．在日常班组活动中，对班组人员、承包商人员进行应急专项培训，当出现异常状态时，有序组织人员撤离。
光照过强或不足，烟尘弥漫	物体打击	1．作业前应评估作业光照和能见度条件，应当充分考虑自然光照、室内照明情况，当无法满足作业需求时，应补充局部照明措施。(应满足作业面照度大于或等于750lx时，作业面临近周围照度为500lx，作业面照度为500lx时，作业面临近周围照度为300lx，作业面照度为300lx时，作业面临近周围照度为200lx，作业面照度小于或等于200lx时，作业面临近周围照度为与作业面照度相同。作业面临近周围是指作业面周边0.5m范围)。	1．工作场所应有充足的照明，在操作盘、重要表计、主要楼梯、通道、机房、控制室等地点，还应设有事故照明，基于以上进行检查和控制。 2．对于一般污染的照明场所，照明设施应每年清洁2次，对于严重污染的场所，照明设施应每年清理3次。 3．工业场所照明设施应严格按照GB 50034—2013《建筑照明设计标准》有关要求设置。

续表

危险源	事故后果类型	现场直接应用的控制措施	日常的风险控制措施
光照过强或不足，烟尘弥漫	物体打击	2．当高精密场所作业、视觉作业对安全影响较大、识别对象与背景难以辨认、人员的视觉能力低于正常能力时，应提高一个照度等级要求。 3．当烟尘弥漫时，应在作业前做好通风，烟尘消散，再进行作业。 4、当夜间、阴天，照明达不到安全作业要求基本要求时，应停止作业或补充照明，待照明条件符合要求时再进行作业。	4．及时补充、完善局部、临时照明设施，以确保在作业前为作业人员提供足够的照明保障。
自然通风差、无强制通风、风量不足或气流过大、缺氧、有害气体超限	中毒和窒息	1．进入场所作业前应确保作业场所的强制通风措施处于启动状态，先通风后进入。 2．当作业场所无强制通风设施时，应补充临时性强制通风措施，如轴流风机等或开窗通风的措施，如作业场所存在防爆控制措施要求，应选用防爆的通风设施。 3．当进入气流量过大的空间时，应合理调小气流量，以确保作业活动的工作状态符合自身需求和安全标准。 4．进入可能存在缺氧或有害气体、粉尘的空间时，应先进行气体检测，确保氧气浓度在18%～22%，最佳浓度为19.5%～21%，有毒有害气体降低至其允许浓度以下，可燃气体沈度降低至其爆炸下限的10%以下。同时针对可燃、有毒气体的浓度选择适合的防护用具，如防毒面罩，必要时配备正压呼吸器。	1．日常对通风设施进行检查，发现问题及时处理。 2．通风设施应按照周期进行强制启动通风，确保场所环境浓度符合要求。 3．确保临时性通风设施的标准、规格和数量能够满足实际作业的需要。 4．为作业人员所配备的各类检测报警仪如可燃气体检测、有毒气体检测、粉尘检测报警设备应定期进行检查，确保其完好性。 5．防毒面罩、正压呼吸器等个体防护装备、应急装备应按周期更换和检测，确保其完好性。
浓雾天气能见度低	物体打击	1．浓雾天气不宜进行户外作业，注意大雾天气能见度影响，选择在雾气消散，不影响作业条件时进行作业。 2．能见度达到要求的雾天户外作业，应进行识别，并根据能见度及时调整作业状态。	及时发布预警，掌握和了解接下来的浓雾状况，合理安排作业。
雷雨状态下的带电体或避雷器	触电	1．雷雨恶劣天气不应进行户外作业。 2．强降雨时不进行作业，待雨量减小时再进行作业，严禁打伞，应穿绝缘靴；关注雨水冲刷对于巡检道路地沟盖板影响和枯树烂叶堵塞排水通道问题，及时疏通，避免作业区域积水、涌水。	1．密切关注天气预报，及时向施工班组发布雷雨天气预警，做好应对准备工作，并启动雷雨天气应急预案。 2．在雷雨来临前对生活区和施工现场的设施，进行全面的检查、维修和整理，排查安全隐患，及时消除，确保安全。

续表

危险源	事故后果类型	现场直接应用的控制措施	日常的风险控制措施
雷雨状态下的带电体或避雷器	触电	3．雷电天气应避免室外活动，尤其不得靠近带电体活动，在作业前应充分识别天气状况，避免雷电天气作业；如遇突发雷电时选择可靠的避险措施，禁止雷雨天不穿绝缘靴巡视室外高压设备，雷雨天气巡检过程中不允许靠近避雷针、避雷器，防止雷击。	3．在雷雨季节前后及雷雨过后应及时检查防雷保护装置，每年应在雷雨季节到来前后对电站的防雷接地进行一次测试和检查。易燃易爆场所每半年开展一次。
积冰、积雪	其他伤害	1．大雪天气不宜进行户外作业。 2．大雪天气避免室外作业，待雪停时及时清理作业通道，并设置湿滑小心跌倒的警示牌，防止摔伤。	1．及时发布预警，掌握和了解接下来的降雪情况。 2．对于降雪应划分责任区，雪停为令及时清除。
六级以上大风	物体打击	1．大风天气应判断风力条件，六级以上大风停止一切室外活动。 2．低于六级风力的天气应在作业前排查作业场地周边的建构筑、设备设施工作状态。	1．密切关注天气预报，及时向施工班组发布大风天气预警，做好应对准备工作，并启动大风天气应急预案。 2．在大风来临前对生活区和施工现场的设施，进行全面的检查、维修和整理，排查安全隐患，及时消除，确保安全。 3．应关注大风天气吹动高处不稳附着物产生坠落，定期进行建构筑物检查，及时消除隐患。
高温	中暑	1．日最高气温达到40℃以上，应当停止当日室外露天作业。 2．日最高气温达到37℃以上、40℃以下时，全天安排劳动者室外露天作业时间累计不得超过6小时，连续作业时间不得超过国家规定，且在气温最高时段3小时内不得安排室外露天作业。 3．日最高气温达到35℃以上、37℃以下时，用人单位应当采取换班轮休等方式，缩短劳动者连续作业时间，并且不得安排室外露天作业劳动者加班。 4．应当在高温工作环境设立休息场所。休息场所应当设有座椅，保持通风良好或者配有空调等防暑降温设施。 5．劳动者出现中暑症状时，应当立即采取救助措施，使其迅速脱离高温环境，到通风阴凉处休息，供给防暑降温饮料，并采取必要的对症处理措施；病情严重者，用人单位应当及时送医疗卫生机构治疗。	1．根据生产特点和具体条件，采取合理安排工作时间、轮换作业、适当增加高温工作环境下劳动者的休息时间和减轻劳动强度、减少高温时段室外作业。 2．在高温天气来临之前，应当对高温天气作业的劳动者进行健康检查，对患有心、肺、脑血管性疾病、肺结核、中枢神经系统疾病及其他身体状况不适合高温作业环境的劳动者，应当调整作业岗位。 3．按照演练计划进行应急救援的演习，并根据从事高温作业和高温天气作业的劳动者数量及作业条件等情况，配备应急救援人员和足量的急救药品。

（3）识别企业作业环境危害因素分布情况（见表6-7）。

表6-7 主要作业活动区域环境风险辨识清单（示例节选）

序号	风险点（源）	作业环境危害因素	事故后果类型
1	发电机厂房	地面有油污或其他液体、润滑物质	其他伤害
2		带电体	触电
3		光照过强或不足，烟尘弥漫	物体打击
4	水轮机组蜗壳	地面有油污或其他液体、润滑物质	其他伤害
5		自然通风差、无强制通风、风量不足或气流过大、缺氧、有害气体超限	中毒和窒息
6		光照过强或不足，烟尘弥漫	物体打击
7	机组尾水管	地面有油污或其他液体、润滑物质	其他伤害
8		自然通风差、无强制通风、风量不足或气流过大、缺氧、有害气体超限	中毒和窒息
9		光照过强或不足，烟尘弥漫	物体打击
10		作业现场地面不平	其他伤害
11		作业梯、架不牢固或承载负荷低	坍塌
12	调速器压油罐、回油箱	地面有油污或其他液体、润滑物质	其他伤害
13		强迫体位	其他伤害
14		作业场地狭窄	物体打击
15		自然通风差、无强制通风、风量不足或气流过大、缺氧、有害气体超限	中毒和窒息
16		光照过强或不足，烟尘弥漫	物体打击
17	主变压器区域（主变压器A相、B相、C相油箱及油枕内部）	地面有油污或其他液体、润滑物质	其他伤害
18		强迫体位	其他伤害
19		作业场地狭窄	物体打击
20		可燃物接触火源或高温	火灾
21		自然通风差、无强制通风、风量不足或气流过大、缺氧、有害气体超限	中毒和窒息
22		带电体	触电
23	110kV、220kV、330kV出线平台	带电体	触电
24		浓雾天气能见度低，作业场所环境不良	物体打击
25		雷雨状态下的带电体或避雷器	触电
26		积冰、积雪	其他伤害

续表

序号	风险点（源）	作业环境危害因素	事故后果类型
27	110kV、220kV、330kV 出线平台	六级以上大风	物体打击
28		高温	中暑
29		电离辐射	慢性皮肤损伤、造血障碍、生育力受损、白内障
30		作业梯、架不牢固或承载负荷低	坍塌
31		电火花	火灾
32	厂用变压器（油变）	地面有油污或其他液体、润滑物质	其他伤害
33		强迫体位	其他伤害
34		作业场地狭窄	物体打击
35		自然通风差、无强制通风、风量不足或气流过大、缺氧、有害气体超限	中毒和窒息
36		高温	中暑
37		带电体	触电
38	GIS	带电体	触电
39		地面有油污或其他液体、润滑物质	其他伤害
40		光照过强或不足，烟尘弥漫	物体打击
41		作业梯、架不牢固或承载负荷低	坍塌
42		电离辐射	慢性皮肤损伤、造血障碍、生育力受损、白内障

（4）对作业工序进行细化，以水轮机转轮修复作业为例，根据具体任务进行操作，遵循作业准备、实施和结束（收工）的整个流程或节点，将作业任务划分为一系列相互连接的步骤或活动。在划分作业任务时，参照作业工序的步骤进行，对于无明显风险的作业步骤可以跳过，否则不应省略。例如，水轮发电机组转轮检修作业可以细分为：转轮空蚀裂纹检查测定、裂纹空蚀磨损处理、叶片修形、导叶开口度检测、转动上漏环处理、转轮其他部位检查、镗孔、转轮与主轴连接/拆卸、泄水锥分解/安装、保护罩分解/安装、转轮吊出、转轮回装等作业工序。

（5）分别分析各作业工序的危险有害因素、可能导致的事故后果类型并制定现场直接的控制措施（在作业阶段，非现场直接控制措施意义不大），见表6-8。

表 6-8 水轮机转轮修复作业（节选该作业的典型风险评估数据库内容）

作业工序	危险和有害因素	事故后果	现场直接控制措施
搭拆脚手架	踩空	高处坠落	1．安全带应系挂在作业处上方的牢固构件上或专为挂安全带用的钢架或钢丝绳上，不得系挂在移动或不牢固的物件上；不得系挂在有尖锐棱角的部位。
			2．安全带应高挂低用。
			3．梯级踏板、梯框无损坏、变形，无油污等影响作业的情形。
			4.上下梯子时面向梯子，并始终保持与直梯三点接触（双手和双脚四点中的三点）状态。
			5．搭设脚手架作业时，临时固定跳板必须牢靠。
			6．脚手架搭设完毕后，必须进行验收，确认牢靠后，人员才可登上作业。
			7．搭设脚手架人员穿戴防滑软底胶鞋。
			8．搭设脚手架时，人员在水平移动时将安全带挂在水平安全绳上，在垂直移动时将安全带挂在安全自锁装置或防坠器上。
			9．脚手板应用 8 号镀锌钢丝缠绕 2～3 圈进行绑扎。
			10．脚手架工作面的脚手板应铺满．铺稳，脚手板与脚手杆连接牢固。
			11．脚手板不准在跨度间有接头。
			12．脚手板的两头应放在横杆上，固定牢固。
			13．在脚手架工作面的外侧或四周，应装设高度为 1.2m 的栏杆，并在其下部装设高度为 180mm 的挡脚板。
			14．脚手架应装设牢固的梯子，以便工作人员攀登和运送工具、材料和物品。
			15．脚手架搭设完毕后，应在爬梯上方挂好防坠器。
			16．在作业前要检验防坠器是否灵活好用。
	不稳固的脚手架	坍塌	1．高度在 24m 及以上的双排脚手架在外侧全立面连续设置剪刀撑；高度在 24m 以下的单.双排脚手架，均必须在外侧两端.转角及中间间隔不超过 15m 的立面上，各设置一道剪刀撑，并由底至顶连续设置。
			2．双排脚手架要设置剪刀撑与横向斜撑，单排脚手架要设置剪刀撑。

续表

作业工序	危险和有害因素	事故后果	现场直接控制措施
搭拆脚手架	不稳固的脚手架	坍塌	3．一次搭设高度不能超过相邻连墙件以上两步，如果超过相邻连墙件以上两步，应设置连墙件；无法设置连墙件时，采取撑拉固定等措施与建筑结构拉结。
			4．钢管要平直，平直度允许偏差为管长的1/500；两端面应平整，不应有斜口、毛口；严禁使用有硬伤（硬弯、砸扁等）及严重锈蚀的钢管。
			5．禁止将脚手架直接搭设在楼板的木楞上及未经计算过补加荷重的结构上，或将脚手架和脚手板固定在不牢固的结构上（如栏杆、管子等）。严禁在各种管道、阀门、电缆架、仪表箱、开关箱及栏杆上搭设脚手架。
			6．纵向扫地杆应采用直角扣件固定在距钢管底端不大于200mm处的立杆上，横向扫地杆应采用直角扣件固定在紧靠纵向扫地杆下方的立杆上。
			7．搭设脚手架时应与建（构）筑物连接牢固，连墙件必须采用可承受拉力和压力的构件；对高度24m以上的双排脚手架，应采用刚性连墙件与建筑物连接。
			8．拆除脚手架时，严禁采取将整个脚手架推倒或先拆下层主柱的方法。
			9．拆除脚手架时，连墙件必须随脚手架逐层拆除，严禁先将连墙件整层或数层拆除后再拆除脚手架。
			10．脚手架拆除作业必须自上而下逐层拆除。
转轮空蚀裂纹检查测定	平台倾覆重心不稳	高处坠落	1．高于基准面2m及以上进行的作业均要求系安全带，安全带的挂钩或绳子应挂在结实牢固的构件上，或专为挂安全带用的钢丝绳上，并不得低挂高用。禁止挂在移动或不牢固的物件上。高处作业落差高度超过5m时，应使用防坠器。
			2．高处作业人员必须持证上岗。
			3．作业人员登高前应检查确认安全带牢固可靠，使用前检查合格标签。
			4．高处作业人员应衣着灵便，穿软底鞋，并正确佩戴个人防护用具。
			5．使用的安装平台应坚固完整无锈蚀、松动、变形，防滑装置无破损。
			6．高处作业人禁止倚靠护栏。
	人体接触带电容器	触电	在潮湿容器中，作业人员应站在绝缘板上，同时保证金属容器接地可靠。
	人员未佩戴适合的装备进入受限空间	中毒和窒息	1．作业前30min内，应对受限空间进行气体分析，分析合格后方可入内。 2．监测点应有代表性，容积较大的受限空间，应对上、中、下各部位进行监测分析。

续表

作业工序	危险和有害因素	事故后果	现场直接控制措施
转轮空蚀裂纹检查测定	人员未佩戴适合的装备进入受限空间	中毒和窒息	3．作业中应定时监测，至少每2h监测一次，如监测分析结果有明显变化，应立即停止作业，撤离人员，对现场进行处理，分析合格后方可恢复作业。 4．对可能释放有害物质的受限空间，应连续监测，情况异常时应立即停止作业，撤离人员，对现场进行处理，分析合格后方可恢复作业。 5．涂刷具有挥发性溶剂的涂料时，应进行连续分析，并采取强制通风措施。 6．作业中断时间超过30min时，应重新进行分析。
	通风效果不足、浓度检测不达标	中毒和窒息	1．打开人孔、手孔、料孔、风门、烟门等与大气相通的设施进行自然通风。 2．转轮室和蜗壳保持通风，个人佩戴口罩等防护用品。采用风机强制通风或管道送风，管道送风前应对管道内介质和风源进行分析确认。 3．执行监护制度，专职监护人进行监护，确保紧急情况下的处置。
裂纹空蚀磨损处理、叶片修形	重物/工具掉落	物体打击	1．高处作业应一律使用工具袋，较大的工具应用绳拴在牢固的构件上，不准随便乱放，防止坠物伤人。高处作业使用工具时，使用带有系绳的工具。
			2．作业现场周围设置隔离区域，或者拉设警戒线，并设专人监护，禁止无关人员进入作业现场。
			3．工作负责人合理分配人员任务，口令统一，动作统一。
			4．检修人员应佩戴安全帽，穿着防砸鞋。
			5．不准交叉作业。
	碎屑飞溅	机械伤害	1．作业时佩防护眼镜或面屏。
			2．使用砂轮的圆周面进行作业，禁止使用切割砂轮侧面进行打磨。
			3．切割作业时，必须将工件固定牢靠，避免左右摇摆操作手柄，防止砂轮切割片受到侧向力量而破碎。
			4．切割机设置防护罩。
			5．切割机防护罩完好，无缺失。
			6．操纵手柄向下做切割运动时，应缓慢送料，不可猛然用力。
			7．砂轮无缺口，裂缝。
	乙炔气体积聚 气体回火	其他爆炸（气体爆炸）	1．气瓶上设置减压器，减压器完好，无破损。
			2．将减压器接到气瓶阀门之前，阀门出口处首先必须用无油污的清洁布擦拭干净，然后快速打开阀门并立即关闭以便清除阀门上的灰尘或可能进入减压器的脏物。
			3．减压器安在氧气瓶上之后，首先调节螺杆并打开顺流管路，排放减压器的气体。其次，调节螺杆并缓慢打开气瓶阀。

续表

作业工序	危险和有害因素	事故后果	现场直接控制措施
裂纹空蚀磨损处理、叶片修形	乙炔气体积聚、气体回火	其他爆炸（气体爆炸）	4．打开气瓶阀时，应站在瓶阀气体排出方向的侧面而不要站在其前面。当压力表指针达到最高值后，阀门必须完全打开。
			5．开启乙炔气瓶的瓶阀时应缓慢，严禁开至超过 1 圈，一般只开至 3/4 圈以内以便在紧急情况下迅速关闭气瓶。
			6．焊枪点火时，应先开氧气门，再开乙炔气门，立即点火，然后再调整火焰。
			7．气管连接应完好，无泄漏、老化、龟裂等现象。
			8．禁止把软管放在高温物体旁，禁止将重的或热的物体压在软管上。
			9．禁止气焊炬喷嘴朝向可燃气体管道。
			10．氧气瓶和乙炔气瓶的距离不得小于 5m。
			11．熄火时先关乙炔气门，再关氧气门，以免回火。
	气瓶反冲	物体打击	气瓶固定在专门的车（架）上或固定装置上。
	气瓶超压	容器爆炸	1．气瓶使用小车等进行搬运。
			2．气瓶避免置于受阳光暴晒的地方，需高温天气室外长时间作业时，设置遮阳措施。
			3．气瓶放置于距离作业点至少 10m 的地方，若为高空作业时，此距离为在地面的垂直投影距离。
			4．气瓶外表面无裂纹、严重腐蚀、明显变形，且气瓶应在检验有效期内。
	氧化还原反应放热	火灾	1．禁止使用带有油渍的衣服、手套或其他沾有油脂的工具、物品安装氧气瓶。
			2．氧气瓶、气瓶阀、接头、减压器、软管及设备等与氧接触的各种元件不得含油脂。
			3．氧气瓶软管使用蓝色，乙炔气瓶软管使用红色。
	可燃物接触点火源	火灾	1．避免在窨井等含有限空间的上方作业或做隔离防护。
			2．动火点 30m 内无可燃气体排放；15m 无可燃液体排放；10m 范围内及动火点下方不应同时进行可燃溶剂清洗或喷漆等作业，作业动火点至少 5m 范围内严禁放置有易燃物、可燃物。
	焊渣、火焰、高温工件	灼烫	1．焊接时穿戴工作服、防护围裙、焊工手套和绝缘安全鞋。
			2．点火时焊炬不得指向人。
			3．禁止徒手接触刚焊接好的工件。
			4．检修人员进入锅炉、烟风道、灰斗内部时需穿戴隔热手套。

续表

作业工序	危险和有害因素	事故后果	现场直接控制措施
裂纹空蚀磨损处理、叶片修形	接触带电体	触电	1．金属焊条和碳极从焊钳上取下，焊钳放置在不接触任何导电部位的地点。
			2．检查焊钳绝缘部位无破损。
			3．禁止徒手更换焊条。
			4．焊接作业，佩戴帆布手套。
			5．电焊机一二次侧电缆线、焊机与焊接电缆线接头处，设置防护。
			6．电源线一次侧线长度不大于5m，二次侧线长度不大于30m。
			7．电源线连接牢固，绝缘层良好无破损。
			8．漏电保护器动作灵敏可靠。
			9．电焊机外壳连接至PE线。
			10．电焊机外壳上的PE线连接牢固，无松动。
	焊接烟尘	电焊工尘肺	1．焊接区域设置焊接烟尘专用通风除尘装置。
			2．通风除尘装置外观完好，能正常开启。
			3．焊接作业时，保持通风设施开启。
			4．焊接时，必须佩戴防尘口罩。
导叶开口度检测、转动止漏环处理及转轮其他部位检查、镗孔	误触带电体	触电	1．带电部位设置防护罩，防护罩完好，无缺失。
			2．使用检验合格的电气工器具。
			3．使用前对电气工器具进行详细的检查，确保绝缘合格电线无破损。
			4．电动工具禁止放在潮湿的地方。
	重物/工具掉落	物体打击	1．高处作业应一律使用工具袋，较大的工具应用绳拴在牢固的构件上，不准随便乱放，防止坠物伤人。高处作业使用工具时，使用带有系绳的工具。
			2．搭设脚手架等作业时严禁抛掷物品，传递物品时用提物绳系牢后进行传递。
			3．作业现场周围设置隔离区域，或者拉设警戒线，并设专人监护，禁止无关人员进入作业现场。
			4．工作负责人合理分配人员任务，口令统一，动作统一。
			5．检修人员应佩戴安全帽，穿着防砸鞋。
			6．不准交叉作业。

续表

<table>
<tr><th>作业工序</th><th>危险和有害因素</th><th>事故后果</th><th>现场直接控制措施</th></tr>
<tr><td rowspan="24">转轮与主轴连接、拆卸；泄水锥分解、安装；保护罩分解、安装；转轮吊出、回装</td><td rowspan="7">吊物掉落</td><td rowspan="7">起重伤害（手拉葫芦作业）</td><td>1．起吊前检查悬挂手拉葫芦的支撑点，必须牢固、稳定。</td></tr>
<tr><td>2．吊装零散物品时必须采取可靠的固定措施，例如使用料斗、专用容器，束状货物应采用可靠的措施防止货物滑落。</td></tr>
<tr><td>3．所有正在工作的人员，或起重机附近人员佩戴安全帽，防砸鞋。</td></tr>
<tr><td>4．吊钩上的闭锁装置无损坏，处于有效状态。</td></tr>
<tr><td>5．吊钩应在重物重心的铅垂线上，严防重物倾斜、翻转。</td></tr>
<tr><td>6．人员离开时，必须将重物放置在地面上。</td></tr>
<tr><td>7．严禁用2台及2台以上手拉葫芦同时起吊重物。</td></tr>
<tr><td rowspan="7">吊物摆动</td><td rowspan="3">其他伤害（手拉葫芦作业）</td><td>1．操作人员必须集中注意力，起升时手臂应置于不可被链条挤压的位置。</td></tr>
<tr><td>2．起吊松散货物时，禁止手扶在可能被松散货物收紧造成挤压的危险区域。</td></tr>
<tr><td>3．多人作业时，开始起升操作前，应观察确认配合人员手部位置离开夹挤危险区域。</td></tr>
<tr><td rowspan="4">物体打击（手拉葫芦作业）</td><td>1．起吊重物时，必须确认重物质心位置，保持起升钢丝绳垂直于重物质心，保证载荷起升时均匀平衡，没有倾覆的趋势。</td></tr>
<tr><td>2．起升时，重物可能摆动、倾覆的危险区域内不得有人停留。</td></tr>
<tr><td>3．起升时，保持起重钢丝绳处于铅垂状态，禁止歪拉斜吊。</td></tr>
<tr><td>4．起升时，重物可能摆动、倾覆的危险区域内不得有人停留。</td></tr>
<tr><td rowspan="10">吊物摆动、吊物掉落、吊装过程不规范</td><td rowspan="10">起重伤害</td><td>1．桥机司机应告知现场人员动车的方向和目的，监护人员组织，现场人员站到安全位置后开始动车，桥机司机在启动桥机时必须做鸣笛等警示行为。</td></tr>
<tr><td>2．桥机动车时必须配备指挥监护人员。</td></tr>
<tr><td>3．使用桥机作业前检查桥机电气、机械等关键部位是否正常。</td></tr>
<tr><td>4．现场起重作业必须由专业起重人员进行，人员不得站在起重物附近。</td></tr>
<tr><td>5．起重作业由有资质的专人指挥，指挥信号清晰、明确。</td></tr>
<tr><td>6．吊具．机具合格，在检验有效期内。</td></tr>
<tr><td>7．作业前检查设备绑扎固定牢固，防止磕碰，防止倾覆。</td></tr>
<tr><td>8．作业前检查吊具是否完好，捆绑牢固。</td></tr>
<tr><td>9．吊装范围设置警戒，并提醒其他人员注意避让吊装区域，制定搬运工作方案和安全措施，正确选择搬运路线。</td></tr>
<tr><td>10．起升时，手禁止放置在吊带与工件之间。</td></tr>
</table>

续表

作业工序	危险和有害因素	事故后果	现场直接控制措施
转轮与主轴连接、拆卸；泄水锥分解、安装；保护罩分解、安装；转轮吊出、回装	吊物摆动、吊物掉落、吊装过程不规范	起重伤害	11．起升时，保持起重钢丝绳处于铅垂状态，禁止歪拉斜吊；吊运时，吊具放置在防脱钩装置内。
			12．现场配备好指挥人员、司机、监护人员、指挥人员和其他人员，做好沟通和配合，呼应一致，保持一呼一应，有问有答，填写起重机使用时间段。
			13．作业前检查防脱钩、吊带、钢丝绳、限位器、超载报警等是否完好，禁止使用制动装置失灵或不灵敏的起重机械。
			14．作业前检查吊装钢丝绳无断丝、断股现象，选择相应载荷钢丝绳，不得超载，插接的钢丝绳套其插接长度不应小于钢丝绳直径的 15 倍，且不小于 30mm，钢线卡的规格和数量以及安装要求要符合安规要求，选用合适荷载的吊车，不得超载。
			15．起重设备操作人员和指挥人员必须经专业技术培训才能上岗作业。
			16．选择的起重设备应该能够承担足够的工作负荷，不能超过铭牌规定的负荷。
			17．吊件不得长时间悬空停留，必须暂时停留时操作人员禁止离开岗位。
	重物/工具掉落	物体打击	1．高处作业应一律使用工具袋，较大的工具应用绳拴在牢固的构件上，不准随便乱放，防止坠物伤人。高处作业使用工具时，使用带有系绳的工具。
			2．作业现场周围设置隔离区域，或者拉设警戒线，并设专人监护，禁止无关人员进入作业现场。
			3．工作负责人合理分配人员任务，口令统一，动作统一。
			4．检修人员应佩戴安全帽、穿着防砸鞋。
			5．不准交叉作业。
	平台倾覆、重心不稳	高处坠落	1．高于基准面 2m 及以上进行的作业均要求系安全带，安全带的挂钩或绳子应挂在结实牢固的构件上，或专为挂安全带用的钢丝绳上，并不得低挂高用。禁止挂在移动或不牢固的物件上。高处作业落差高度超过 5m 时，应使用防坠器。
			2．高处作业人员必须持证上岗。
			3．作业人员登高前应检查确认安全带牢固可靠，使用前检查合格标签。
			4．高处作业人员应衣着灵便，穿软底鞋，并正确佩戴个人防护用具。
			5．使用的安装平台应坚固完整无锈蚀、松动、变形，防滑装置无破损。
			6．高处作业人员禁止倚靠护栏。

续表

作业工序	危险和有害因素	事故后果	现场直接控制措施
转轮与主轴连接、拆卸；泄水锥分解、安装；保护罩分解、安装；转轮吊出、回装	转轮绑扎不牢、吊装不稳、吊物摆动大	设备损坏	1. 编制“三措”（施工组织设计），明确现场指挥、技术和安全负责人及相关职责。
			2. 转轮吊出前对所有参与工作的人员进行宣贯，使之明确转轮吊出步骤、危险点、应急处置措施。
			3. 严禁人员站立在转轮下方，无关人员不得进入工作区域。
			4. 做好对转轮组合面的保护，防止对转轮组合面的挤压和磕碰。
			5. 转轮吊装时应统一指挥；桥机司机无法直接接收指挥人员信号时，可设中间传递信号人员。
			6. 转轮吊出过程中应由指挥人员统一控制起升速度和起升高度。
			7. 转轮起吊时，应首先进行试行起吊，确认桥机无异常。
			8. 桥机上设专人监护，并有防滑车的应急措施。

（6）根据风险评估结果，制定了水轮机转轮修复作业的分级管控清单，以确保各项管控措施得以有效执行，见表 6-9。

表 6-9　水轮机转轮修复作业分级管控清单（节选）

序号	作业活动名称	作业步序	风险等级	风险管控层级
1	水轮机转轮修复作业（较大风险作业）	转轮空蚀裂纹检查测定	五级风险	班组
2		裂纹空蚀磨损处理	四级风险	部门/车间
3		叶片修形	四级风险	部门/车间
4		导叶开口度检测	五级风险	班组
5		转动上漏环处理	四级风险	部门/车间
6		转轮其他部位检查	五级风险	班组
7		镗孔	五级风险	班组
8		转轮与主轴连接、拆卸	三级风险	企业
9		泄水锥分解、安装	四级风险	部门/车间
10		保护罩分解、安装	四级风险	部门/车间
11		转轮吊出	三级风险	企业
12		转轮回装	三级风险	企业

（7）结合典型风险数据库形成典型风险控制卡库，典型风险控制卡库包括作业活动名称、作业活动工序、危险和有害因素、可能产生的事故后果类型、控制措施、风险等级、管控层级，见表 6-10。

表 6-10　　　　作业风险控制卡（模板）

单位/班组：

作业地点：

作业项目：　　　　　　　　　　　　　　　工作票编号：

作业风险等级：　　　　　　　　　　　　　电网风险等级：

第一部分：标准化作业

序号	风险管控项目		风险管控要点	执行情况
1	计划准备	计划编制，发布、接收	核实作业计划应通过系统正式发布，作业时间、电压等级、停电范围、作业内容、作业单位等与实际一致。	
2	作业准备	承载力分析	开展承载力分析，相关“人、机、物、料”满足作业实际需求，核查所安排作业队伍完成准入备案，且未在“黑名单”“负面清单”内，作业人员资质、身体状况和精神状况应满足作业要求。	
3		现场勘察	1. 应根据工作任务开展现场勘察，主要内容应全面，勘察时根据任务要求分析现场作业风险及预控措施，涉及特种车辆作业时还应明确车辆行驶路线、作业位置、作业边界等内容，勘察完成后编制现场勘察记录。	
			2. 发现与原勘察情况有变化时，应进行二次勘察，及时修正、完善相应的安全措施。	
4		风险评估	参照生产作业典型风险定级库，结合现场勘察情况对计划作业进行风险评估定级；确认作业风险等级为一级制定相应安全措施。	
5		“票、卡、方案”	“两票”、风控卡、检修（施工）方案，应及时编制，并完成审核、签发。（可选框） 工作票/操作票□风控卡□检修（施工）方案□	
6		到岗到位	根据作业风险等级，各级人员按照到岗到位要求严格履职，对发现的问题和违章行为及时做好记录并督促整改。到岗到位签字确认（若无打“/”） 县级：　　　市级：　　　省级 施工：　　　业主：　　　/ 监理：	
7	作业实施	作业前检查	1. 开工前检查个人劳动防护用品、安全工器具、施工机具、机械应合格、齐备。	
			2. 按要求部署现场安全措施。	
8		站班会交底	工作负责人应组织全员交底，对作业过程中的危险点和注意事项进行交底，随机抽取作业人员提问现场危险点与管控措施，确保作业人员“四清楚”；组织作业人员开展典型违章、典型案例教育学习，安全交底签字确认。	

续表

序号	风险管控项目		风险管控要点	执行情况
9	作业结束	作业验收	1. 现场工作结束后，设备状态和安全措施应恢复，做到“工完料净场地清”，并完成验收工作。 2. 遗留事项（若无打“/”）。	
10	资料归档	资料归档	风险控制卡执行完毕后，随工作票评价、归档。	

第二部分：作业风险控制

序号	设备	工序	作业类型	风险因素	风险防范措施	质量管控措施	执行情况
1			本部分引用典型风险控制卡内容，并根据实际情况进行修正。				

（二）作业风险预警管控

1. 作业计划

根据设备状态、电网需求、基建技改及用户工程、保供电、气候特点、承载力、物资供应等因素，统筹协调生产、建设、营销、调控等各专业工作，综合分析风险管控和作业承载能力，科学编制生产施工作业计划。

2. 计划编制要求

（1）月度作业计划编制：车间应根据设备状态、电网需求、反事故措施、基建技改及用户工程、保供电、气候特点、承载力、物资供应等因素制定月度作业计划，并报送专业管理部门审核后发布。

（2）周作业计划编制：车间应根据月度作业计划，结合保供电、气候条件、日常运维需求、承载力分析结果等情况统筹编制周作业计划，周作业计划经专业管理部门备案。

（3）日作业安排：车间和班组应根据周作业计划，结合临时性工作，合理安排工作任务。

3. 计划发布

（1）作业计划由专业管理部门统一发布，其中三级及以下作业风险由专业管理部门审批发布，二级作业由专业管理部门上报上级专业管理部门，经批准后录入平台并发布，见图 6-3。

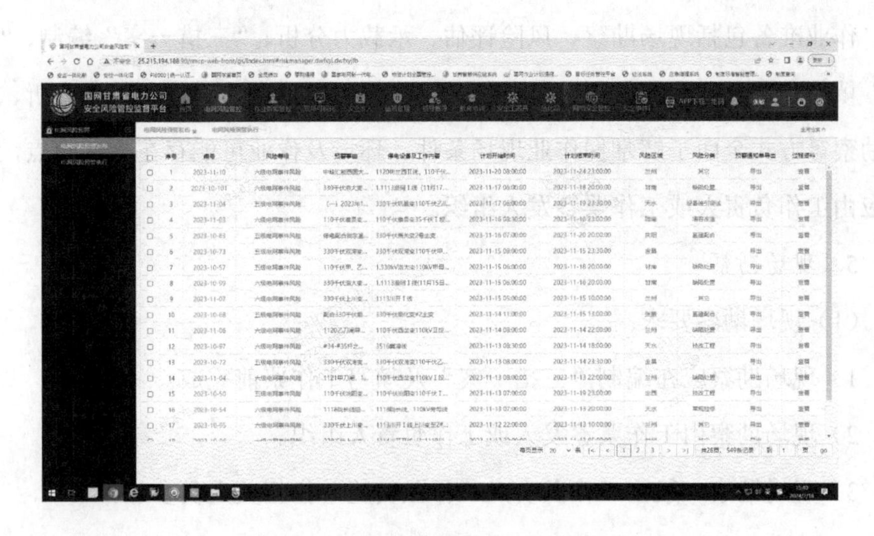

图 6-3 安全风险管控监督平台（节选）

（2）信息发布作业计划应包括但不限于作业内容、作业时间、作业地点、作业人数、工作票种类、专业类型、作业类型、风险等级、风险要素、作业单位、工作负责人及联系方式、到岗到位人员信息等内容。

（3）周作业计划信息发布中还应注明作业地段、专业类型、作业性质、工作票种类、工作负责人及联系方式、现场地址、到岗到位人员、作业人数、作业车辆等内容。

（4）作业计划实行刚性管理，已发布的作业计划严禁随意增减，确属特殊情况需追加、调整的，应严格履行计划调整审批手续。三级及以下作业风险追加或调整由专业管理部门审核后发布，二级作业风险的追加或调整应由专业管理部门汇报上级专业管理部门，经批准后方可发布。

（5）计划性工作发生变更调整的，至少应在作业实施前一天完成计划的变更发布，特殊情况（如天气、自然灾害等不可抗力因素）需当日调整的应说明原因；临时性紧急任务或抢修工作，应按照即时上报原则，经企业分管领导审批后，纳入当天作业计划进行管控。

4. 作业准备

作业准备包括现场勘察、风险评估、承载力分析、“三措一案”编制、“两票”填写。现场勘察、作业风险辨识及评估定级前，应通过作业任务分析、现场勘察等方式全面了解掌握作业现场条件、环境及作业可能存在的危险点，一般应由工作负责人或工作票签发人组织。

5. 现场勘察

（1）现场勘察要求。

1）现场勘察应在编制“三措一案”及填写工作票前完成。

2）现场勘察由工作票签发人或工作负责人组织。

3）现场勘察一般由工作负责人、作业实施单位相关人员参加。

4）对涉及多专业、多单位的大型复杂作业项目，应由项目管理单位组织相关人员共同参与。

5）承发包工程作业应由项目管理单位组织，承包商共同参与。

6）开工前，工作负责人或工作票签发人应重新核对现场勘察情况，发现与原勘察情况有变化时，应及时修正、完善相应的安全措施。现场勘察应填写现场勘察记录，见表 6-11。

表 6-11　　现场勘察记录表（样板）

勘察单位　　　　　　部门（班组）　　　　　　编号

勘察负责人________勘察人员

勘察设备的双重名称（多次应注明双重称号）：

工作任务〔工作地点（地段）以及工作内容）：

现场勘察内容：

1．工作地点需要停电的范围

2．保留的带电部位：

3．作业现场的条件、环境及其他危险点：

4．应采取的安全措施：

5．附图与说明：

记录人：　　　　　　勘察日期：____ 年__月__日__时__分至__日__时__分

（2）现场勘察记录要求。

1）现场勘察记录采用文字、图示或影像相结合的方式。记录内容包括：工作地点需停电的范围，保留的带电部位，作业现场的条件、环境及其他危险点，应采取的安全措施，附图与说明。

2）现场勘察记录应作为工作票签发人、工作负责人及相关各方编制“三措一案”和填写、签发工作票的依据。

3）现场勘察记录由工作负责人保存，勘察记录应同工作票一起保存一年。

（3）需要现场勘察的作业项目。

1）变电站（换流站）主要设备现场解体、返厂检修和改（扩）建项目施工作业。

2）变电站（换流站）开关柜内一次设备检修和一、二次设备改（扩）建项目施工作业。

3）变电站（换流站）保护及自动装置更换或改造作业。

4）输电线路（电缆）停电检修（常规清扫等不涉及设备变更的工作除外）、改造项目施工作业。

5）配电线路杆塔组立、导线架设、电缆敷设等检修、改造项目施工作业。

6）新装（更换）配电箱式变电站、开闭站、环网单元、电缆分支箱、变压器、柱上开关等设备作业。

7）带电作业。

8）涉及多专业、多单位、多班组的大型复杂作业和非本班组管辖范围内设备检修（施工）的作业。

9）使用起重机、挖掘机等大型机械的作业。

10）跨越铁路、高速公路、通航河流等施工作业。

11）试验和推广新技术、新工艺、新设备、新材料的作业项目。

12）工作票签发人或工作负责人认为有必要现场勘察的其他作业项目。

6. 作业前风险评估

（1）现场勘察结束后，编制“三措一案”、填写“两票”前，应针对作业开展风险评估工作。按照“谁安排计划、谁组织辨识”的原则，风险评估一般由工作票签发人或工作负责人组织。不涉及停电或临近电工作的风险辨识应由项目管理单位组织，设备运维管理单位和作业实施单位参加。涉及停电或临近带电体工作的风险辨识由副总师以上领导组织，设备运维、调控、营销、建设等相关部门人员以及作业实施单位、监理单位人员参加。

（2）风险评估组织人可选取与作业任务相匹配的典型风险控制卡作为基准，结合现场实际勘察结果进行修编，并在工作中验证典型风险控制卡可行性，及时将验证结果反馈至所属项目管理单位，并由项目管理单位提出，专业管理部门审核通过后更新完善典型风险控制卡。

（3）设备改进、革新、试验、科研项目作业，应由作业实施单位组织开展风险评估。

（4）涉及多专业、多单位共同参与的大型复杂作业，应由项目管理单位组织开展风险评估。

（5）风险评估应针对触电伤害、高空坠落、物体打击、机械伤害、特殊环境作业、误操作等方面存在的危险因素，全面开展评估。

（6）作业评估定级结果应在作业计划内发布，辨识分析出的危险因素应填入作业文件内，作为风险管控措施制定的前提和依据。

（7）因现场作业条件变化、作业内容变更等导致作业风险等级调整时，应重新履行识别、评估、定级和管控措施制定审核等流程。

（8）各专业管理部门按照专业分工，对业务范围内风险作业的必要性、风险辨识的全面性、风险定级的准确性和管控措施的针对性进行审查。

1）四、五级风险作业，风险管控措施应由项目主管部门组织审核。

2）三级风险作业，风险管控措施应由专业管理部门组织审核。

3）二级及以上风险作业，风险管控措施应由企业分管领导组织审核，并报送至上级专业管理部门对二级及以上风险作业审查并备案。

（9）专业管理部门应组织做好日常作业风险告知与公示工作，并按照以下原则开展：

1）风险公示。按照“谁管理、谁公示”原则，以审定的作业计划、风险内容、风险等级、管控措施为依据，每周日前对下周作业计划存在的所有作业风险进行全面公示。

2）风险告知。对作业风险涉及的重要客户、电厂等外部单位，应提前告知风险事由、时段、影响、措施建议等，并留存告知记录，以便外部单位提前做好风险防范。

3）风险公示内容应包括但不限于：作业内容、作业时间、作业地点、专业类型、风险因素、风险类别、风险等级、作业单位、工作负责人姓名及联系方式、到岗到位人员信息等。

4）各专业管理部门、车间班组应充分利用工作例会、班前会等，逐级组织交代工作任务、作业风险和管控措施，从上至下将“四清楚”（作业任务清楚、作业流程清楚、危险点清楚、安全措施清楚）任务传达到岗、到人，并通过移动作业 APP 上传相关资料。

5）按照上级单位和政府部门要求，专业管理部门、安全监督管理部门规范开展作业风险报告工作。

7. 承载力分析

（1）各车间应利用月度计划平衡会、周安全生产例会统筹开展承载力分析工作。班组应利用周安全生产例会、周安全日活动，开展作业承载力分析工作，保证作业安排在承载力范围内。

（2）车间承载力分析内容。

1）可同时派出的班组数量。

2）派出班组的作业能力是否满足作业要求。

3）多专业、多班组、多现场间工作协调是否满足作业需求。

4）现场监督管控安排是否满足作业需求。

（3）作业实施单位承载力分析内容。

1）可同时派出的工作组和工作负责人数量，每个作业班组同时开工的作业现场数量，不得超过工作负责人数量。

2）作业任务难易水平、工作量大小。

3）安全防护用品、安全工器具、施工机具、车辆等是否满足作业需求。

4）作业环境因素（地形地貌、天气等）对工作进度、人员配备及工作状态造成的影响等。

（4）作业人员承载力分析内容。

1）作业人员身体状况、精神状态以及有无妨碍工作的特殊病症。

2）作业人员技能水平、安全能力。技能水平可根据其岗位角色、是否担任工作负责人、本专业工作年限等综合评定。安全能力应结合《电力安全工作规程》考试成绩、人员违章情况等综合评定。

8. “三措一案”

（1）需编制“三措一案”的项目。

1）变电站（换流站）改（扩）建项目。

2）变电站（换流站）保护及自动装置更换或改造作业。

3）35kV及以上输电线路（电缆）改（扩）建项目。

4）首次开展的带电作业项目。

5）涉及多专业、多单位、多班组的大型复杂作业。

6）跨越铁路、高速公路、通航河流等施工作业。

7）试验和推广新技术、新工艺、新设备、新材料的作业项目。

8）其他较大风险以上作业。

9）作业单位或项目管理单位认为有必要编写“三措一案”的其他作业。

（2）作业实施单位应根据现场勘察结果和风险评估内容编制“三措一案”。

对涉及多专业、多单位的大型复杂作业项目，应由项目管理单位组织相关人员编制“三措一案”，并符合相关要求。

（3）“三措一案”内容包括任务类别、概况、时间、进度、需停电的范围、保留的带电部位及组织措施、技术措施和安全措施，并至少包括以下内容：

1）项目概况：项目简述、项目性质及特点、项目规模、项目目标。

2）组织措施：组织机构、各岗位主要职责、工程进度及保证措施、主要施工设备及材料供应计划。

3）技术措施：质量目标、质量控制措施、质量验收标准。

4）安全措施：安全目标、隔离措施、危险点分析和控制措施、重要施工方案及特殊措施施工工序的安全过程控制、成品保护措施、特殊时期措施，如：保电期间的安全措施。

5）施工方案：编制依据、施工项目、施工技术和资料准备、施工机具、材料准备、施工工序和总体安排、主要工序和特殊工序施工方法。

6）应急预案：目的、危险性分析、应急救援人员通信方式、应急处置措施、应急注意事项。

7）附录。

（4）“三措一案”应分级管理，经作业实施单位、监理单位（如有）、项目主管部门、专业管理部门、分管领导逐级审批，严禁执行未经审批的“三措一案”。

1）“两票”管理：需要办理两票及动火工作票的作业严格按照《工作票和操作票管理程序文件》执行。

2）作业风险预警管控单：作业准备工作完成后，作业单位应填报《作业安全风险预警管控单》（见表6-12），并报到岗到位人员、安全督查人员、签发人审核通过，方可实施。

表 6-12　　　　作业安全风险预警管控单（模板）

××单位××专业［××年］××号

发布部门（盖章）：　　　　　　　　　　　　　　　　发布日期：××年××月××日

作业单位（部门）			
作业班组		工作负责人	
作业内容			
风险分析			
预警计划时间	××年××月××日××时		
预警解除时间		风险等级	
管控措施			
现场勘察记录			
三措			
工作票			
危险点分析和控制			
到岗到位人员	姓名	联系电话	
安全督查人员	姓名	联系电话	
编制人员	姓名	联系电话	
审核人员	姓名	联系电话	
签发人员	姓名	联系电话	

9. 对现场各类人员安全要求

（1）工作负责人。

工作负责人办理工作许可手续后，组织全体作业人员开展安全交底，并应用移动作业 APP 留存工作许可、安全交底录音或影像等资料，并符合以下要求：

1）工作许可手续完成后，工作负责人组织全体作业人员整理着装，统一进入作业现场，进行安全交底，列队宣读工作票，交代工作内容、人员分工、带电部位、安全措施和技术措施，进行危险点及安全防范措施告知，抽取作业人员提问无误后，全体作业人员在作业风险控制卡上确认签字。

2）执行总、分工作票或小组工作任务单的作业，由总工作票负责人（工作负责人）和分工作票（小组）负责人分别进行安全交底。

3）现场安全交底应采用录音或影像方式，作业后由作业班组留存一年。

4）工作负责人应携带工作票、现场勘察记录、“三措一案”等资料到作业现场。

5）按要求装设远程视频督查、数字化安全管控智能终端等设备，并通过移动作业APP与作业计划关联；若现场因信号、作业环境不具备条件的，应及时向安全监督管理部门报备。

6）核实作业必需的工器具和个人安全防护用品，确保合格有效。

7）核实作业人员是否具备安全准入资格、特种作业人员是否持证上岗、特种设备是否检测合格。

8）工作许可人、工作负责人应共同做好安全措施的布置、检查及确认等工作，必要时进行补充完善，并做好相关记录。

9）安全措施布置完成前，禁止作业。

（2）现场作业人员。

1）作业人员应正确佩戴安全帽，统一穿全棉长袖工作服、绝缘鞋。

2）特种作业人员及特种设备操作人员应持证上岗。开工前工作负责人向特种作业人员及特种设备操作人员交代安全注意事项，指定专人监护。特种作业人员及特种设备操作人员证书。

3）作业人员不得单独作业。

4）外来工作人员须经过安全知识和《电力安全工作规程》培训考试合格，佩戴有效证件，配置必要的劳动防护用品和安全工器具后，方可进场作业。

（3）作业监护。

1）工作票签发人或工作负责人对有触电危险、施工复杂容易发生事故等作业，应增设专责监护人，确定被监护的人员和监护范围，专责监护人应佩戴明显标识，始终在工作现场，及时纠正不安全的行为。

2）专责监护人不得兼做其他工作。专责监护人临时离开时，应通知被监护人员停止工作或离开工作现场，待专责监护人回来后方可恢复工作。若专责监护人必须长时间离开工作现场时，应由工作负责人变更专责监护人，履行变更手续，并告知全体被监护人员。

（4）分级管控人员。

1）各车间应根据作业环境、作业内容、气象条件等实际情况，对可能造成人身、电网、设备事故的现场作业（如上方高跨线带电的设备吊装、重要用户（含电厂）供电设备检修、涉及旁路代操作的检修、恶劣天气时的检修等）进行提级。同类作业对应的故障抢修，应提级管控。

2）现场作业过程中，工作负责人、专责监护人应始终在作业现场，严格执行工作监护和间断、转移等制度，做好现场工作的有序组织和安全监护。工作负责人重点抓好作业过程中危险点管控，应用移动作业APP检查和记录现场安全措施落实情况。

10. 安全工器具和施工机具安全要求

（1）作业人员应正确使用施工机具、安全工器具，严禁使用损坏、变形、有故障或未经检验合格的施工机具、安全工器具。

（2）特种车辆及特种设备应经具有专业资质的检测检验机构检测、检验合格，取得安全使用证或者安全标志后，方可投入使用。

（3）涉及多专业、多单位的大型复杂作业，应明确专人负责工作总体协调。

（4）积极采用移动视频设备，并按要求使用。

11. 验收及工作终结

现场工作结束后，工作负责人组织全体人员召开班后会，对检修作业情况总结评价。工作负责人应配合设备运维管理单位做好验收工作，核实工器具、视频监控设备回收情况，清点作业人员，应用移动作业APP做好工作终结记录，工作终结记录必须以影像或录音资料形式上传。

（1）检修完工后，完成三级验收（施工单位、实施单位、项目管理单位），并填写《质量验收单》，合格后由项目管理单位组织完成竣工验收。

（2）验收人员应掌握验收现场存在的危险点及预控措施，禁止擅自解锁和操作设备。

（3）已完工的设备均视为带电设备，任何人禁止在安全措施拆除后处理验收发现的缺陷和隐患。

（4）工作结束后，工作班应清扫、整理现场，工作负责人应先周密检查，待全体作业人员撤离工作地点后，方可履行工作终结手续。

（5）执行总、分票或多个小组工作时，总工作票负责人（工作负责人）应得到所有分工作票（小组）负责人工作结束的汇报后，方可与工作许可人履行工作终结手续。

12. 其他要求

（1）作业单位负责生产施工作业安全风险预警管控工作的实施，具体开展风险评估、定级、审核、发布，制定、落实风险管控措施。

（2）企业应将作业风险预警管控工作纳入日常督查内容，将无计划作业、风险定级不准确、管控措施不落实等纳入违章严肃考核。

（3）企业应建立通报机制，对作业风险预警、管控工作执行情况定期进行分析、评价，及时发布通报。

13. 标准化监督工作的实施

制定不同作业类型的《作业安全监督检查表》，由分级管控人员监督检查使用，规范开展标准化监督工作，见表6-13。

表6-13　　动火作业监督检查表（标准检查表库-节选）

本表适用范围：项目管理部门组织作业的过程控制、各级人员履行风险分级管控的现场检查。

检查部门：　　检查频次：作业过程　　检查日期：　　检查表编号：RC-ZY-001

序号	检查项目	检查内容	检查依据	查证方式		
1	工作票开具、审批	公众聚集场所或者两个以上单位共同使用的建筑物局部施工需要使用明火时，施工单位和使用单位应当共同采取措施，将施工区和使用区进行防火分隔，清除动火区域的易燃、可燃物，配置消防器材，专人监护，保证施工及使用范围的消防安全。	《机关、团体、企业、事业单位消防安全管理规定》（中华人民共和国公安部第61号令）第二十条	查现场		

续表

序号	检查项目	检查内容	检查依据	查证方式
2	工作票开具、审批	动火工作票至少一式三份。一级动火工作票一份由工作负责人收执，一份由动火执行人收执，另一份发电厂保存在单位安监部门。二级动火工作票一份由工作负责人收执，一份由动火执行人收执，一份保存在动火部门（车间）。若动火工作与运行有关时，还应增加一份交运行人员收执。	《电力设备典型消防规程》（DL 5027—2015）5.3.5	查资料 查现场
3		一级动火工作票的有效期为24h（1天），二级动火工作票的有效期为120h（5天）。必须在批准的有效期内进行动火工作，需延期时应重新办理动火工作票。	《电力设备典型消防规程》（DL 5027—2015）5.3.15	查资料
4	动火条件	禁止动火条件 1　油船、油车停靠区域。 2　压力容器或管道未泄压前。 3　存放易燃易爆物品的容器未清理干净，或未进行有效置换前。 4　作业现场附近堆有易燃易爆物品，未做彻底清理或者未采取有效安全措施前。 5　风力达五级以上的露天动火作业。 6　附近有与明火作业相抵触的工种在作业。 7　遇有火险异常情况未查明原因和消除前。 8　带电设备未停电前。	《电力设备典型消防规程》（DL 5027—2015）5.2	查现场

二、设备风险评估

开展专项风险评估，强化突出业务风险分级、分类管控。

（1）设备风险评估。梳理识别设备清单。划定机组/区域、系统、设备、部件。如一号水轮发电机组××机组发电机及其防护设备，见表6-14。

表6-14　设备清册（节选）

序号	机组/区域	系统	设备	部件
1	××水轮发电机组	××机组发电机及其辅助设备	××机组发电机转子	发电机主轴
2				发电机转子中心体
3				转子轮辐

续表

序号	机组/区域	系统	设备	部件
4	××水轮发电机组	××机组发电机及其辅助设备	××机组发电机转子	发电机转子磁轭
5				发电机转子磁极
6				风斗
7				制动环
8				转子接地电刷
9			××机组发电机定子	定子机座
10				定子铁芯
11				定子线圈
12				定子线棒支持环
13			××机组发电机上机架	机架中心体
14				机架支臂
15				机架盖板
16				机架挡风板
17			××机组发电机下机架	下部走台
18			××机组发电机集电环	集电环
19				电刷刷握
20				电刷
21				集电环刷架
22			××机组发电机空气冷却系统	空气冷却器
23				发电机空气冷却系统进出口阀门
24				发电机空气冷却系统进出口压力表
25				发电机空气冷却系统进出口压力表
26				空气冷却器母管压力表
27				空气冷却器上环管
28				空气冷却器下环管
29				空气冷却器热风巡检测温元件
30				空气冷却器冷风巡检测温元件

（2）依据前文明确的设备风险评估方法，对主要设备故障模式及故障影响进行分析，制定针对性风险控制措施，见表6-15。

表6-15　　设备风险评估表（节选）

序号	系统	部件	故障分析			控制措施
			故障原因	故障现象	故障影响	
1	××机组发电机	××机组发电机主轴	主轴断裂：主轴由于材料疲劳、过载或制造缺陷等原因导致断裂。 主轴弯曲：主轴由于外力作用或不均匀负载导致弯曲变形。 主轴磨损：主轴由于长期运行或不当维护导致磨损，可能出现磨损、疲劳裂纹等问题。	过载：发电机长期运行在超负荷状态下，超过了主轴的承载能力。 疲劳：主轴长期受到循环载荷作用，导致材料疲劳，逐渐失去强度。 制造缺陷：主轴在制造过程中存在缺陷，如材料不均匀、焊接质量不良等。	异常噪声：主轴故障可能导致发电机产生异常噪声，如刮擦声、振动声等。 不稳定运行：主轴故障可能导致发电机运行不稳定，如转速波动、振动加剧等。 温升异常：主轴故障可能导致发电机的温升异常，如温度升高、冷却效果下降等。	检查和维护：对机组发电机主轴进行检查和维护，包括检查轴承、润滑系统、轴向间隙等。确保主轴的正常运行和安全性能。 故障监测和报警系统：及时监测发电机主轴的工作状态，发现异常情况并及时报警。确保故障能够及时得到处理，避免进一步损坏或事故的发生。 维修和更换：根据发电机主轴的使用寿命和维修计划，进行维修和更换。及时更换磨损严重或故障的零部件，确保发电机主轴的正常运行和安全性能。

（3）针对重点设备重点关注。结合分析结果针对特种设备单独梳理制定特种设备风险分析表，见表6-16。

表6-16　　特种设备风险分析表（节选原因分析）—压力容器

危险源	故障模式	原因分析
容器（本体）	泄漏	外壁腐蚀减薄穿孔（保温层下）
		腐蚀减薄穿孔（内壁，内衬）
		本体（母材、焊缝）开裂或穿孔导致介质泄漏
		石墨化导致材料性能劣化，最终产生裂纹
		球化导致材料性能劣化，强度下降明显，最终可导致蠕变破坏
		因回火脆化导致开裂泄漏

续表

危险源	故障模式	原因分析
容器（本体）	泄漏	不锈钢高温脆化导致开裂
		“相脆化”即相的形成会导致材料断裂韧性的降低，开、停车期间容易发生开裂
		容器发生低应力脆断
		蠕变脆性断裂
		热疲劳，由于温度波动产生循环应力，在相对运动或局部膨胀受约束的结构处易产生断裂破坏
		热冲击，热疲劳开裂的一种，表面产生裂纹开裂
		冲刷腐蚀，造成结构的破坏，降低材料的性能，导致腐蚀穿孔或开裂
		在交变应力的作用下，疲劳可能会导致材料的断裂
		再热裂纹是由于焊后热处理或在高温下服役期间产生应力松弛而发生的一种金属破坏。在厚壁截面上更容易发生
		电化学腐蚀导致腐蚀穿孔泄漏
		大气腐蚀，在沿河潮湿的环境下，大气腐蚀更严重，导致腐蚀穿孔泄漏
		冷却水腐蚀，由溶解的盐、气体、有机化合物造成的碳钢和其他金属的均匀或局部的腐蚀
		二氧化碳腐蚀，当二氧化碳溶于冷凝水或者水蒸气中形成碳酸，才会发生二氧化碳腐蚀。大量的碳酸会导致碳钢形成腐蚀凹坑
		微生物诱发腐蚀
		土壤腐蚀，紧贴地面的容器的底部容易发生土壤腐蚀
		碳钢和其他合金在高温下同氧气反应，生成氧化的铁锈，造成壁厚减薄
		碳钢和其他合金在高温下同硫发生反应而导致的腐蚀
		氢脆，就是氢融进了钢中，造成了钢的变脆。在高压的氢气存在条件下，容易发生氢脆
		排空管或排液管阀门被意外打开或失效
		操作违章或失误，阀门关闭，引起超压爆炸
		因内部泄漏、导致热传导流体与工艺介质接触发生化学反应
		相互连接系统的高压系统泄漏（高压到低压）
		真空层失效
		热过压（环境温度、物料温度）

续表

危险源	故障模式	原因分析
容器（本体）	泄漏	材质劣化导致承载能力下降
		因腐蚀导致壁厚减薄，承载能力下降
		不合理的结构设计，导致承载能力下降
接管法兰（容器部位）	泄漏	操作温度升高，螺栓伸长，紧固部位松动，引起法兰泄漏
		法兰面被腐蚀
		容器发生沉降，支撑腐蚀变形等，导致接管法兰处泄漏
		接管法兰密封失效
		螺栓长度不足、数量不足、紧固方式错误
		螺栓断裂，导致法兰泄漏
容器	燃烧	可燃介质泄漏后遇到火源
	中毒	毒性为极度、高度、中度介质泄漏
	爆炸	可燃介质泄漏后遇到火源

三、职业健康风险评估

（1）开展职业危害因素普查，建立职业病危害因素普查表（见表 6-17）。

表 6-17　　职业病危害因素普查表（节选）

序号	车间	岗位名称	区域/作业	危害名称
1	电气车间	电气检维修工	××kV 线路电缆线侧终端、××kV 线路间隔刀闸、××kV GIS 开关站断路器、××kV GIS 开关站母线、××kV GIS 开关站出线、××kV GIS 开关站出线电压互感器、××kV GIS 开关站出线端避雷器、主变压器中性点避雷器旁、主变压器高压侧母线、××kV 母线避雷器旁	工频电场
2			主变压器中性点避雷器旁、主变压器高压侧线缆	噪声

（2）结合职业病危害因素检测内容，进行风险评估并制定风险控制措施，在职业卫生培训、劳动防护用品发放标准制定、职业健康防护设施改造、职业健康监护等方面发挥重要作用（见表 6-18）。

表 6-18　　　　职业健康风险评估表（节选）

序号	车间	工种	区域/作业	危害因素	危害类别	危害信息描述	控制措施	责任层级
1	电气车间	电气检维修工	××kV线路电缆线侧终端C相	工频电场	物理因素	1．工频电场检测值为0.3kV/m，8h工作场所工频电场职业接触限值为5kV/m，实际未超过限值，员工在此区域作业接触工频电场的频次约每周4次，每次约0.1h； 2．长期在此作业，有可能造成辐射过量致病的情况。	1．个人防护措施：为工作者提供适当的个人防护装备，如防护服、防护手套、防护鞋等，以减少电场对身体的影响。 2．培训和教育：对从事相关工作的人员进行培训和教育，使其了解工频电场的危害和防范措施，并掌握正确使用个人防护装备的方法。 3．定期检测：进行工频电场的测量和评估，以确保控制措施的有效性，并及时采取必要的调整和改进。 ……	班组、岗位

四、火灾风险评估

开展火灾危害因素辨识，辨识不同区域的火灾源、火灾类型、现有的灭火资源、可能影响范围，制定控制措施，用于重点防火部位管理、防火巡查等，指导员工培训和消防应急管理，强化消防“四个能力”建设（见表6-19）。

表 6-19　　　　火灾风险评估（节选）

序号	区域	火灾源	火灾类型	灭火资源	可能影响范围	现有控制措施	安全重点部位	危险等级	固有风险等级
1	主控制室	电气设备、物品堆放	E.A	手提式MFCZ/ABC干粉灭火器16个，烟感报警装置、七氟丙烷气体灭火系统	主控室、发电运行	1．检查控制室内的电气设备，确保其正常运行和安全可靠。注意检查电线、插座、开关等是否有损坏或老化现象，及时修复或更换。 2．合理规划电线布线，避免电线过载。确保电线的额定负荷与实际使用负荷相匹配，避免长时间高负荷运行。	是	严重危险级	较大风险

续表

序号	区域	火灾源	火灾类型	灭火资源	可能影响范围	现有控制措施	安全重点部位	危险等级	固有风险等级
1	主控制室	电气设备、物品堆放	E.A	手提式MFCZ/ABC干粉灭火器16个，烟感报警装置、七氟丙烷气体灭火系统	主控室、发电运行	3．确保控制室内的电气设备通风良好，避免设备过热。清理设备周围的灰尘和杂物，保持设备散热良好。 4．控制室内禁止乱堆乱放易燃物品，保持通道畅通。清理控制室内的杂物，避免火灾隐患。 5．在控制室内安装火灾报警系统，及时发现火灾隐患并采取相应的应急措施。 6．对控制室工作人员进行火灾防范的培训和教育，使其了解火灾的危害和防范措施，并掌握正确的应急处理方法。 7．检查控制室内的灭火设备，确保其正常运行和有效性。包括灭火器、消防栓等，必要时进行维修或更换。	是	严重危险级	较大风险

五、交通风险评估

（一）开展风险评估

识别车辆主要行车路线不同路段的危险源，明确控制措施，形成显性化的行车路线风险告知，应用于机动车辆和驾驶员管理，强化道路风险管控能力。交通风险评估见表6-20。

表6-20　　交通风险评估表（节选）

序号	行车路线	路段	危害/风险信息描述	可能导致的后果	控制措施
1	办公区至××地点	××路段	车道右侧有车辆驶入	易发生碰撞事故	集中精神，控制车速，一慢二看三通过
2		××路口	自行车和路人横穿马路	易与自行车、行人发生碰撞造成人身伤害事故	注意路面情况，及自行车、行人动向

（二）绘制道路风险地图

道路风险地图，对道路进行风险评估，用预警色绘制在地图上、明确重点风险路段及限速要求。

（三）GPS 监控管理

运用 GPS 手段，及时掌握路况风险及车辆风险、对高风险路段及车辆实施重点监控。

第四节 显性化、标准化隐患排查治理工作

显性化、标准化的隐患排查治理工作是提升安全与效率的关键途径。通过加强隐患排查治理工作的显性化和标准化建设，可以及时发现和消除潜在的安全风险，提高工作效率和质量，有助于保障员工和客户的生命安全，促进企业的可持续发展。

一、规范建立安全检查标准化清单

系统梳理各类安全检查的覆盖范围、检查内容，结合《安全管理和技术标准清单》内容，归类建立《安全检查表单库》，形成了作业监督、设备设施检查等 52 个标准检查表。在检查表中加入检查依据和典型问题参考，使检查者能够更加清楚地掌握检查标准，从而对现场问题做出准确的判断。安全检查表/隐患排查清单目录如表 6-21 所示。

表 6-21　　安全检查表/隐患排查清单目录（节选）

序号	检查类别	检查表编号	检查项目
1	定期检查	DQ-NW-001	内务管理定期检查表
2		DQ-YX-001	运行管理综合检查表

续表

序号	检查类别	检查表编号	检查项目
3	定期检查	DQ-SB-001	主要设备设施综合检查表
4		DQ-YF-001	迎峰度夏检查表
5		DQ-FH-001	防洪防汛综合检查表
6		DQ-JR-001	节前安全生产检查表
7		DQ-CJ-001	春季安全生产大检查
8		DQ-QJ-001	秋季安全生产大检查
9		DQ-LD-001	领导定期带队检查表
10		DQ-XF-001	防火检查表
11	专项检查	ZX-XF-001	防火监督检查表
12		ZX-TZ-001	特种设备专项检查表
13		ZX-WX-001	危险物品专项检查表
14		ZX-FL-001	防雷、接地专项检查表
15		ZX-JK-001	职业健康管理专项检查表
16		ZX-YJ-001	应急管理专项检查表
17		ZX-HB-001	生态环保专项检查表
18		ZX-JT-001	交通安全专项检查表
19		ZX-SG-001	水工管理专项检查表
20		ZX-WL-001	网络安全专项检查表
21		ZX-ST-001	食堂专项检查表
22	日常检查	RC-PT-001	爬梯、平台、护栏日常检查表
23		RC-XF-001	日常防火巡查表
24		RC-GQ-001	安全工器具日常检查表
25		RC-GQ-002	一般工器具日常检查表
26		RC-KF-002	库房日常安全检查表
27		RC-JZ-001	建（构）筑物日常检查表
28		RC-AS-001	生产安全设施日常检查表
29		RC-ZY-001	动火作业监督检查表
30		RC-ZY-002	有限空间作业监督检查表
31		RC-ZY-003	起重吊装作业监督检查表
32		RC-ZY-004	临时用电监督检查表
33		RC-ZY-005	脚手架搭拆作业监督检查表

续表

序号	检查类别	检查表编号	检查项目
34	日常检查	RC-ZY-006	动土作业监督检查表
35		RC-ZY-007	防高处坠落监督检查表
36		RC-ZY-008	机加设备操作监督检查表
37		RC-AZ-001	设备安装调试监督检查表
38		RC-JD-001	日常监督检查表（广泛性）
39		RC-TZ-001	特种设备（压力容器）自行检查表
40		RC-TZ-002	特种设备（压力管道）自行检查表
41		RC-TZ-003	特种设备（起重机械）自行检查表
42		RC-TZ-004	特种设备（锅炉）自行检查表
43		RC-TZ-005	特种设备（气瓶）自行检查表
44		RC-TZ-006	特种设备（叉车、场内机动车辆）自行检查表
45		RC-TZ-007	特种设备（电梯）自行检查表
46		RC-YB-001	仪器仪表日常检查表
47		RC-GC-001	基建现场作业安全监督检查表
48		RC-SG-001	水工作业安全监督检查表
49		RC-SG-002	水工管理日常巡查表
50		RC-JX-001	机械设备安全防护设施检查表
51		RC-CL-001	车辆安全日常检查表
52		RC-AB-001	安保日常检查表

二、结合检查清单建立标准检查表

以防火检查为例，根据消防典规要求，防火检查分为防火巡查、防火检查和防火监督检查。防火巡查由属地管理单位、部门、专兼职消防队、队员开展，重点对消防设施进行巡查。防火检查由消防安全管理部门组织开展，定期检查。防火监督检查为消防安全监督部门组织开展，结合各类检查一并进行，为专项检查。为各类检查建立检查标准表单，以柴油发电机房的防火巡查为例，见表6-22。

表 6-22　　柴油发电机房防火巡查表

序号	检查项目	检查内容
1	重点部位	单位应当将容易发生火灾、一旦发生火灾可能严重危及人身和财产安全以及对消防安全有重大影响的部位确定为消防安全重点部位，设置明显的防火标志，实行严格管理
2		消防安全重点部位应当建立岗位防火职责，设置明显的防火标志，并在出入口位置悬挂防火警示标示牌。标识牌的内容应包括消防安全重点部位的名称、消防管理措施、灭火和应急疏散方案及防火责任人
3		防火重点部位禁止吸烟，并应有明显标志
4	消防供配电设施	消防电源主电源、备用电源工作状态
5		发电机启动装置外观及工作状态、发电机燃料储量、储油间环境
6		消防配电房、UPS 电池室、发电机房环境
7		消防设备末端配电箱切换装置工作状态
8	火灾自动报警系统	火灾探测器、手动报警按钮、信号输入模块、输出模块外观及运行状态
9		火灾报警控制器、火灾显示盘、CRT 图形显示器运行状况
10		消防联动控制器外观及运行状况
11		火灾报警装置外观
12		建筑消防设施远程监控、信息显示、信息传输装置外观及运行状况
13		系统接地装置外观
14		消防控制室工作环境
15	电气火灾监控系统	电气火灾监控探测器的外观及工作状态
16		报警主机外观及运行状态
17	可燃气体探测报警系统	可燃气体探测器的外观及工作状态
18		报警主机外观及运行状态
19		消防水池、消防水箱外观，液位显示装置外观及运行状况，天然水源水位、水量、水质情况、进户管外观
20		
21	消火栓（消防炮）灭火系统	室内消火栓、消防卷盘外观及配件完整情况
22		屋顶试验消火栓外观及配件完整情况、压力显示装置外观及状态显示
23		室外消火栓外观、地下消火栓标识、栓井环境
34		消防炮、炮塔、现场火灾探测控制装置、回旋装置等外观及周边环境
25	应急照明和疏散指示标志	应急灯具外观、工作状态
26		疏散指示标志外观、工作状态
27		集中供电型应急照明灯具、疏散指示标志灯外观、工作状况，集中电源

续表

序号	检查项目	检 查 内 容
28	应急照明和疏散指示标志	工作状态
29		字母型应急照明灯具、疏散指示标志灯外观、工作状态
30	消防专用电话	消防电话主机外观、工作状况
31	防火分隔设施	分机电话外观，电话插孔外观，插孔电话机外观
32		防火窗外观及固定情况
33		防火门外观及配件完整性，防火门启闭状况及周围环境
34		电动型防火门控制装置外观及工作状态
35		防火卷帘外观及配件完整性，防火卷帘控制装置外观及工作状况
36		防火墙外观、防火阀外观及工作状况
37		防火封堵外观
38	灭火器材	灭火器外观
39		灭火器数量
40		灭火器压力表、维修标识
41		设置位置状况
42	其他巡查内容	消防车道、疏散楼梯、疏散走道畅通情况逃生自救设施配置及完好情况，消防安全标志使用情况，用火用电管理情况等

三、专项检查表附引用条款

为解决专项检查过程中出现的检查条款出处不明确以及检查问题汇总时缺乏依据等问题，在专项检查表中明确引用检查依据。此举将有助于提高检查过程的透明度和准确性，确保所有问题都有据可查，从而更好地推动工作的开展（见表 6-23）。

表 6-23　　特种设备专项检查表（节选）

序号	检查项目	检查内容	检查依据	查证方式
1	压力容器	1．检验用的设备、仪器和工具应当在有效的检定或者校准期内。 2．安全附件检验不合格的压力容器不允许投入使用。各种压力容器安全阀应定期进行校验。 3．压力容器上使用的压力表，应列为计量强制检定表计，按规定周期进行强检。	《固定式压力容器安全技术监察规程》（TSG 21—2016）第十九条、第三十五条，《防止电力生产事故的二十五项重点要求（2023 版）》（国能发安全〔2023〕22 号）7.1.2、7.1.7	查资料 查现场

续表

序号	检查项目	检查内容	检查依据	查证方式
2	压力容器	压力容器上的开孔补强圈以及周边连续焊的起加强作用的垫板至少设置一个泄满信号指示孔，多层筒节包扎压力容器每片层板、多层整体包扎压力容器每层板筒节、套金压力容器每单层圆筒（内筒除外）的两端均至少设置一个泄漏信号指示孔。	《固定式压力容器安全技术监察规程》（TSG 21—2016）3.2.6	查现场
3		制定每台压力容器的操作规程。操作规程中应明确异常工况的紧急处理方法，确保在任何工况下压力容器不超压、超温运行。	《防止电力生产事故的二十五项重点要求（2023版）》（国能发安全〔2023〕22号）7.1.1	查资料

四、在建立标准检查表时附典型问题参考

在建立标准检查表时，附上一些典型的参考问题可以帮助人们更好地理解标准，并确保符合标准要求，见表6-24。

表6-24　典型问题描述、图例（节选）

典型问题描述	问题照片
起重机的吊钩无防止吊物意外脱钩的保险装置。	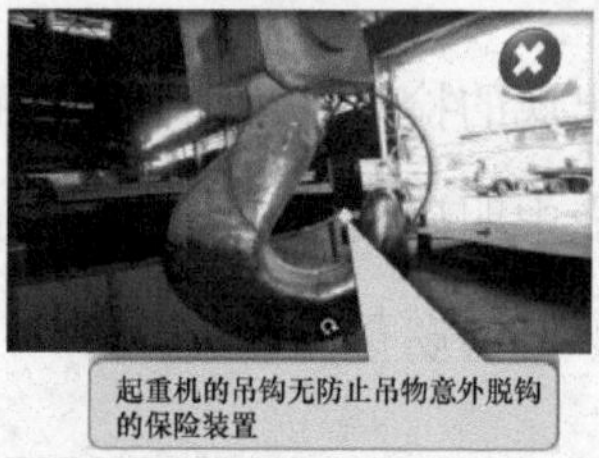  起重机的吊钩无防止吊物意外脱钩的保险装置 起重机的吊钩没有防止吊物意外脱钩的保险装置。依据：GB 6067.1–2010 4.2.2.3
起重机锻造吊钩的危险断面磨损超过原尺寸的5%。	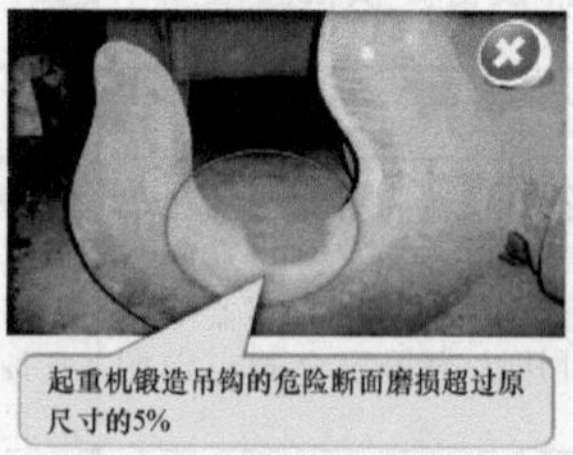 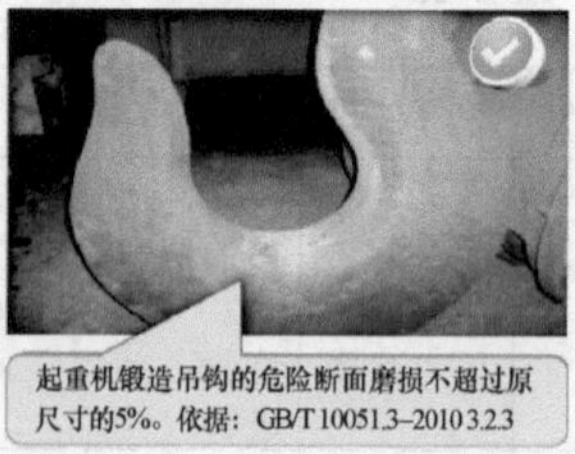 起重机锻造吊钩的危险断面磨损超过原尺寸的5% 起重机锻造吊钩的危险断面磨损不超过原尺寸的5%。依据：GB/T 10051.3–2010 3.2.3

续表

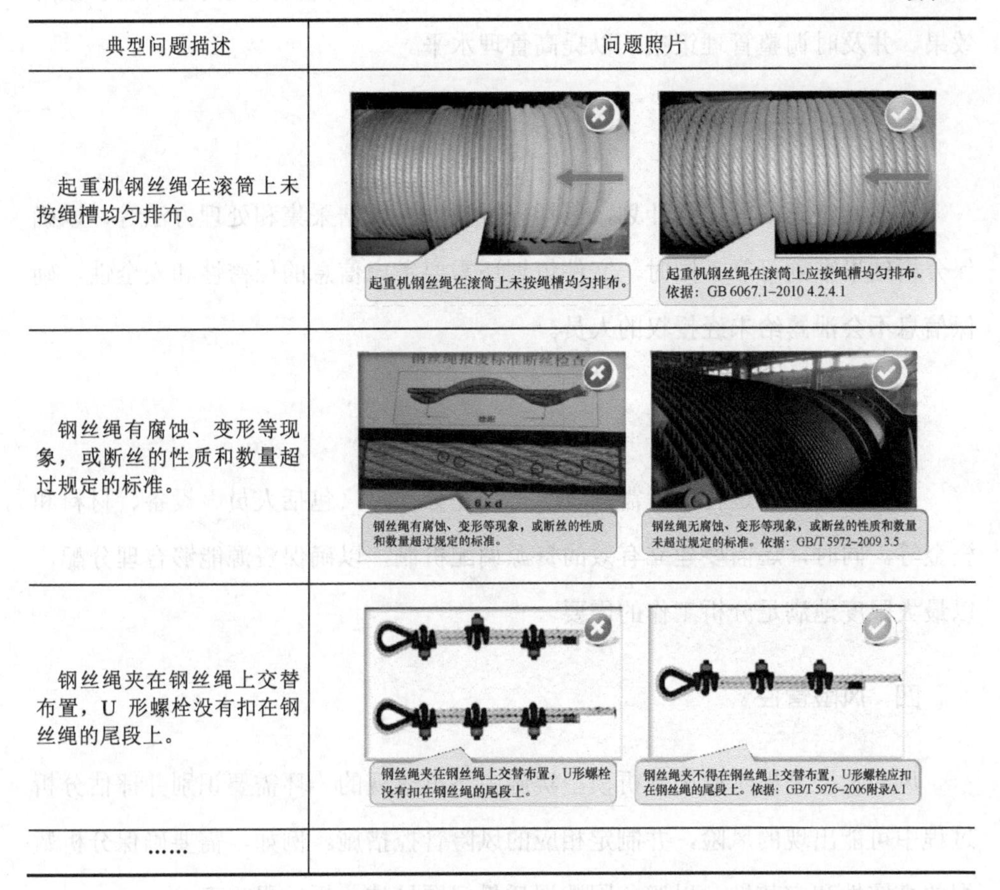

典型问题描述	问题照片
起重机钢丝绳在滚筒上未按绳槽均匀排布。	起重机钢丝绳在滚筒上未按绳槽均匀排布。 起重机钢丝绳在滚筒上应按绳槽均匀排布。依据：GB 6067.1-2010 4.2.4.1
钢丝绳有腐蚀、变形等现象，或断丝的性质和数量超过规定的标准。	钢丝绳有腐蚀、变形等现象，或断丝的性质和数量超过规定的标准。 钢丝绳无腐蚀、变形等现象，或断丝的性质和数量未超过规定的标准。依据：GB/T 5972-2009 3.5
钢丝绳夹在钢丝绳上交替布置，U 形螺栓没有扣在钢丝绳的尾段上。	钢丝绳夹在钢丝绳上交替布置，U形螺栓没有扣在钢丝绳的尾段上。 钢丝绳夹不得在钢丝绳上交替布置，U形螺栓应扣在钢丝绳的尾段上。依据：GB/T 5976-2006附录A.1
……	

第五节　运用根因分析技术关注纠正和预防

从领导作用、文件策划、资源保障、风险管控、信息沟通、能力培训、履职尽责、检查与改进等方面初步搭建根本原因分析模型，培育“任何现场问题都是管理问题”的思想，带动员工主动思考表象问题背后的管理原因，在日常工作中做好问题纠正，关注预防效果，不断提高管理水平。

一、领导作用

领导需要积极倡导“任何现场问题都是管理问题”的思想，鼓励员工主动思考表象问题背后的管理原因。在日常工作中，领导需要关注问题纠正和预防效果，并及时调整管理策略，以提高管理水平。

二、文件策划

需要制定详细的文件计划，包括分析流程、数据采集和处理方法等，以确保分析结果准确可靠。同时，文件策划还需要考虑信息的保密性和安全性，确保信息不会泄露给未经授权的人员。

三、资源保障

需要确保分析过程中所需的资源得到充分保障，包括人员、设备、材料和资金等。同时，还需要建立有效的资源调配机制，以确保资源能够合理分配，以最大限度地满足分析工作的需要。

四、风险管控

风险管控是根本原因分析模型实施中不可忽视的一环需要识别并评估分析过程中可能出现的风险，并制定相应的风险管控措施。例如，需要确保分析数据的真实性和完整性，以避免因数据质量问题导致分析结果失真。

五、信息沟通

需要建立有效的信息沟通渠道，确保分析过程中的信息和结果能够及时传递给相关人员。同时，还需要建立信息共享机制，鼓励员工之间相互交流，以促进分析工作的开展。

六、能力培训

需要针对员工的不同需求，制定相应的培训计划，并定期组织培训。通过培训，员工能够掌握分析方法和技能，提高分析能力，以更好地完成分析工作。

七、履职尽责

需要建立有效的职责履行机制，确保员工按照职责要求完成分析工作。同时，还需要建立责任追究制度，对不履行职责要求的员工进行处理，以提高管理水平。

八、检查与改进

需要定期对分析过程进行检查，及时发现存在的问题，并采取相应的改进措施。通过检查和改进，可以不断完善分析模型，以提高管理水平。

通过领导作用、文件策划、资源保障、风险管控、信息沟通、能力培训、履职尽责和检查与改进等方面的共同努力，可以搭建起完善的根本原因分析模型（见表 6-25），不断提高管理水平。

表 6-25　　根本原因分析模型

<table>
<tr><th>根因方向（PDCA）</th><th>根因模块</th><th>分析方式</th><th>问题表现</th></tr>
<tr><td rowspan="13">p：领导作用</td><td rowspan="5">体系理解</td><td rowspan="5">通过访谈了解领导对于体系、对于安全管理的认识</td><td>不清楚总体体系建设方法</td></tr>
<tr><td>体系建设机制尚未建立</td></tr>
<tr><td>没有未带动全员参与体系建设</td></tr>
<tr><td>主要风险未得到有效控制</td></tr>
<tr><td>现场存在大量不符合项</td></tr>
<tr><td rowspan="4">有感领导</td><td rowspan="4">如管理评审等工作、目标指标制定等</td><td>现场存在较多发现但未解决的问题</td></tr>
<tr><td>管理评审机制尚未建立</td></tr>
<tr><td>管理评审形式化严重未发挥作用</td></tr>
<tr><td>目标指标导向作用不明确</td></tr>
<tr><td rowspan="4">顶层设计</td><td rowspan="3">如各体系、各专项工作协同推进的问题</td><td>只有安全监督管理部门推进体系</td></tr>
<tr><td>保障部门尚不清楚体系的理论和方法</td></tr>
<tr><td>认为监督都是安全管理部门的事</td></tr>
<tr><td>如各体系、各专项工作协同推进的问题</td><td>PDCA 执行成了业务范畴的小循环而没有形成企业范围内的大循环</td></tr>
</table>

续表

根因方向（PDCA）	根因模块	分析方式	问题表现
p：领导作用	支持力度	如对事故事件、严重违章的惩处执行支持力度	制定的考核措施得不到支持
			考核措施落实得不到支持
	业务掌握	如对现场主要风险的掌握情况、现场主要的变化情况、核心业务流程的掌握	对现场主要风险不清楚
			对主要业务管理流程不掌握
	奖惩合理	如不合理的连带考核，是否遵循尽职免责的原则	对于事故事件处理考核随意
			违章、目标指标的考核由情感因素决定，而非由管理制度/标准所决定
			对违章、目标指标未完成、事故事件发生容忍度高
			未遵循尽职免责的原则落实考核
p：文件策划	策划的适宜性	管理要求不切合实际，不具有可操作性	管理要求大量与实际工作不符
			策划的管理要求基本无法执行和落地
	策划的有效性	管理要求未基于风险	管理要求缺少对关键环节的管控，如工器具未设计检查流程等
		管理要求不满足 5W1H 的要求	策划的管理要求不清楚，如未明由谁干、什么时间干、怎么干、达到什么目的等
		与法律法规及其他要求的某条款相违背	策划的管理要求低于国家、地方、上级单位的基本要求
			文件中所引用的法规、标准等存在过期、废止等现象
		管理要求缺失	缺少管理要求，如消防典规要求的建立消防安全、保障体系而未在制度中进行策划，每半年对消防管理相关人员进行考试而未策划，要求开展的专门培训未策划等
	策划的系统性	制度之间的衔接问题（系统性）	不同相关管理文件未建立有效衔接，如目标指标与奖惩考核相关管理标准
		制度之间的衔接问题（系统性）	各类文件下发过程中未考虑系统性，每次发文各说各的，到基层只能打补丁式执行或无法执行
		一事多标准	同一件事存在多个管理要求且相互之间不一致，如安全培训与企业培训教育制度管理培训的组织安排的具体要求不一致，与承包商入厂培训要求不一致等

续表

根因方向（PDCA）	根因模块	分析方式	问题表现
p：文件策划	文件宣贯培训	执行单位/部门/人员不清楚执行的要求，策划者未组织宣贯、培训、指导	策划、下发文件后未组织宣贯或培训
			基层不清楚、机械执行，为了完成任务而完成任务、出现数据造假等诸多问题
	文件控制	如班组出现多个版本的文件、技术资料、图纸等文件资料的保存	现场出现不同版本的文件，作废文件未回收
			基层单位不清楚最新文件情况
			技术资料未及时更新和完善如技术改造、设备异动过后未及时归档资料
			国家法律法规有强制要求的，保存时限不符合国家要求，如涉及消防、职业健康等档案归档不全
			企业有强制要求，却未执行
P：基础设施	规划设计	如工程建设期安全出口不足、安全距离不足，平台围栏不符合标准等问题	基础设计不符合现行法律法规、标准规范的要求且未落实整改、防范措施
			容易整改的问题却没有及时纠正和预防
			消防等国家有法律法规强制要求的基础设计不合理或现场存在的安全隐患，未及时向企业消防安全责任人、管理人进行汇报
p：资源保障	费用保障	实际的安全生产费用投入的充分性	安全投入不足
			安全投入计划类别不符合国家法律法规要求，如包括了职业健康体检费等
			对安全投入缺乏统计、监管
			对投入额度较大的内容未实施效果评估评价来确保投入的有效性
			未按标准提取安全投入资金，当年度未使用完的费用未滚动纳入下一年度持续管控
	岗位定员	主要是考虑由于员工数量的不足导致安全问题的出现	岗位定员不合理
			未及时补充定员
			人员配置与企业管理实际严重不符，如某生产部门某专业管理人员长时间空缺，长期由他人兼职，而兼职人员不是该专业人员，又对该工作缺乏有效关注，导致该项业务无法有效开展
	岗位匹配	如身体条件、专业不满足岗位要求	选聘员工的能力无法满足企业岗位说明书的最基本需求

续表

根因方向（PDCA）	根因模块	分析方式	问题表现
p：资源保障	岗位匹配	如身体条件、专业不满足岗位要求	未通过员工的绩效评估及时发现问题并提出整改措施，导致该业务总体开展不畅、管理水平低
	组织机构	如缺少 HSE 部，安委会未有效解决安全生产重大问题等	组织机构如安委会、各管理网络，未及时发现解决组织机构运转存在的问题
			组织机构内人员不清楚职责，不清楚如何发挥作用
			组织机构内人员不具备资质
			职责工作未定期开展
D：风险评估	评估方法	如设备风险评估方法过于复杂	未建立风险评价准则
			未按照风险评价准则组织实施风险评估
			不清楚风险评价准则的应用方法
	辨识有效性	包括隐患排查、各类风险评估、各类措施制定	危害辨识不全面
			隐患排查开展不规范，导致企业存在大量的盲区和死角
			风险评估不准确，与实际存在较大偏差
			管控措施制定得合理性不足
	评估结果应用	主要是指各类风险控制措施落实的情况以及实际管控效果	现场是否仍存在一些风险没有得到有效控制，如某风险作业没人管，某门机停用时未闭锁、未设置防风抗拉装置
D：风险管控	组织安排	包括赶工期、工作任务分配等问题，到岗到位、监护等，关键作业任务识别的准确性、充分性	为进度而忽视安全，存在违章指挥、强令他人冒险作业的行为
			风险作业分级管控未有效实施和落实
			未履行作业过程控制的相关要求
			到岗到位、监护、监督等未执行管理标准要求
			“两票一卡一案”虽有执行，但存在较多问题，审核把关不严，执行衰减
	违章容忍	违章是否按标准考核	违章容忍度高，现场监护、监督人员漠视违章行为出现而不管不顾
			对于违章的考核存在大事化小、小事化了的情况

续表

根因方向（PDCA）	根因模块	分析方式	问题表现
D：风险管控	变化管控	人员变化、环境变化、现场设备变化等变化风险管控的效果	针对变化条件下的反应和响应不足，如特种岗位人员变化，新人员没证，职业健康部门人员调整，人员未及时取得职业健康管理人员证
			设备大修、改造后没有进行设备评估，评估新的风险等
			环境变化未及时识别风险，如某企业夏季为方便压缩机散热，所有门窗都开启，加强通风散热，某日将下暴雨，发布了预警，但没人响应，最终导致雨水灌入厂房
D：信息沟通	沟通机制	沟通机制、渠道、方法的全面性和合理性	未建立良好的沟通机制，不清楚安全生产信息管理的内容
			正式沟通、非正式沟通未明确具体要求，如各部门上报上级单位、政府部门的材料大量不统一、与实际不符，却又无人关注
			对上级文件，以文件落实文件形式严重，不加分析理解直接传达
			对文件的流转缺少控制，没人监督文件的具体落实情况，一些文件最后没有任何反应和回应
	外部沟通	特别是与承包商的沟通	管理要求未及时传达给在企业内部长期工作的承包商
			导致承包商对企业基本管理要求不清楚
	内部沟通	同级之间的沟通，例如生产管理部门与安全管理部门之间，上下级之间的沟通，例如安全管理部门与班组之间	部门间沟通壁垒严重
			各部门各干各的缺乏针对同一业务的统筹思考
			传达的信息也没有回应，最终导致不了了之
			对基层单位、班组更多是检查，发现问题又不解释清楚为什么或者针对共性问题的指导，基层人员不理解最终导致执行走样严重，形式大于实际作用
D：能力培训	培训计划	培训计划制定得全面性、合理性	培训计划制定未基于法律法规要求和员工的实际需求制定
			计划制定仅仅为了“制定计划”，未分析法律法规、企业标准、员工需求
			岗位能力提升需要制定，最后培训计划形式严重

续表

根因方向（PDCA）	根因模块	分析方式	问题表现
D：能力培训	培训组织	如培训方式、方法、培训内容及时间安排等	培训组织合理性不足，培训的方式、方法、内容死板、不接地气，一些培训开展完接受培训者也不清楚讲了什么内容，培训质量比较差，教案选材存在问题，培训时间安排不合理，选择员工不希望参与培训的时间段来进行，抗拒、抵触心理作怪，最终导致培训形式大于作用
	培训资源	包括内训老师能力、设备、场地、激励措施等资源	未建立相对完善的内部培训师管理机制，内训师能力不足，未针对不同特点的培训合理调配设备、场地，未基于培训效果设置激励措施，最终导致培训不培训一个样、培训好与不好一个样
	学习动力	员工不愿意学习，主要是通过访谈	员工学习动力不足，主要是因为授课方法和培训时间决定的，此外与培训后的评估、总结密不可分
	员工能力	在线测试成绩、模拟实战效果等	验证员工能力掌握的方法有很多种，如在线测试、模拟应急、实操等，通过以上方式能够更好地掌握员工的能力
D：履职尽责	保障部门执行力	包括生技部、综合部、车间、班组等	未按章办事
			未开展专业监督
			未针对发现问题及时总结、回顾改进，现场大量存在文件策划了但没有执行的情况
	监督部门执行力	工会、安全管理部门	监督部门未开展综合监督
			工会未定期对安全监督工作进行再监督
	按章办事	主要是执行情况与制度要求的符合性	管理要求的工作没有执行
			没有按标准执行，如表单策划一个样，实际执行另一个样，而实际执行的表单又缺失大量环节，如特种设备台账，策划表单有定期检验日期，但实际执行却没有检验日期，执行部门的特种设备又存在超期未检的情况，就是执行偏差导致的绩效差
	执行空间的宽度	部分跨部门业务的部门参与度可以考虑领导力，而且可以考虑将领导力单独拿出来说	同一项业务在不同部门之间的执行程度，可以从一件小事看，如某规范表单在不同部门之间执行得不一样
	执行时间的长度	部分固定要求的三年执行情况	一项好的管理策划没有长时间执行，而主要原因是没人管、没人关注
	目标驱动	包括目标指标设置的科学性、测量与考核的有效性，指标同比、环比是否有一定的提升	未对目标指标进行逐级分解、以下保上
			未制定目标指标保障措施或工作计划

续表

根因方向（PDCA）	根因模块	分析方式	问题表现
	目标驱动	包括目标指标设置的科学性、测量与考核的有效性，指标同比、环比是否有一定的提升	目标指标缺乏机动性，如某设备管理部门过去三年的异常次数分别为 5 次、6 次、4 次，而在下一年度目标指标策划时，却将其控制异常次数指标设定为 9 次，典型的没有基于过往数据分析，制定不切合实际的目标指标，导致该部门无论怎么做都极有不可能触发该目标指标，最终导致工作缺乏紧迫感、联锁各项管理松懈情况出现
D：履职尽责	职责划分	不符合法律法规要求、工作实际的责任划分	主要业务出现无人管理真空
			未基于国家法律法规要求划分职责，由于权责划分不合理导致的执行效力衰减，如某企业把消防归口管理、监督管理放在了一个部门，这样消防管理缺乏监督，同时也不符合法律法规等相关要求同时出现以监督代替管理的情况出现
	履职测量	职责测量、安全生产责任制测量	责任追究考核尚未纳入日常管理工作中，没有按章办事是不是就是没有履行安全生产职责，而对此项缺乏关注
			责任追究更多是围绕事后追责，而没有主动监管，最终导致责任履职只是表面，实际还是“干与不干一个样”“干好干坏一个样”
C：检查与评价	监督检查策划	例如综合监督与专业监督划分的合理性，审核的分工	监督检查仅由安全监督管理部门开展，而保障部门的监督未体现，存在以综合监督为主，专业监督为辅的错误情况思维
			监督检查计划不全面
			未发动全员开展检查
	监督检查执行	检查、审核的执行，是否按计划开展	制定的监督检查计划、方案未按要求开展
			最终导致监督检查的执行存在较大偏差
	监督检查质量	检查、审核的质量，发现问题的能力和质量	监督检查未能发现问题，而政府部门、上级单位检查却能发现大量问题，是检查者能力不足？还是检查的责任心不足？
	监督检查闭环	如缺少问题整改、验证机制，可用小指标中诊断问题的闭环数据	监督检查发现问题缺少整改闭环，尤其对于一些非计划组织开展的监督检查，如应急演练评估问题、消防安全评估问题、安全培训教育评估问题、网络安全等保测评等问题，大量未整改，而这些问题也没有任何人关注
			其他监督检查问题未闭环

续表

根因方向（PDCA）	根因模块	分析方式	问题表现
A：持续改进	纠正预防	包括安全检查、内外部审核、管理评审发现各类问题，是否仅仅是针对表象问题进行整改，是否处于头疼医头脚疼医脚的阶段	检查问题仅是点对点整改，没有举一反三，检查一个灭火器失压得到整改，而房间内另一个灭火器也失压了却没有人关注
			未开展体系自评
			未开展管理评审
			未针对各类问题剖析管理原因持续改进

后 记

在编写本书的过程中，深入研究并探讨了水电行业的发展现状和存在的问题，特别关注了双重预防机制的应用。通过理论和实践案例的分析，总结出了一些有益的经验和启示。

首先，认识到双重预防机制在水电行业中的重要性。水电行业作为国民经济的重要组成部分，其安全和可持续发展至关重要。深化运行双重预防机制，不仅可以预防事故的发生，还能及时发现和解决潜在问题，从而确保水电工程的安全运行。

其次，深入分析了双重预防机制的具体应用。本书中，详细介绍了包括风险评估、安全检查、隐患排查、根本原因分析等一系列预防措施和管理方法。这些方法在水电工程中的应用，能够有效地提高工程的安全性和可靠性，减少事故的发生。

总的来说，本书的目标是为水电行业的从业人员和管理者提供一本实用的参考书籍，帮助更好地理解和应用双重预防机制。期待本书能为水电行业的安全发展带来积极的推动力。在此，要感谢所有支持和关注的读者们。

参 考 文 献

［1］吴超．安全科学原理［M］．北京：机械工业出版社，2018．

［2］罗云．风险分析与安全评价［M］．3 版．北京：化学工业出版社，2016．

［3］罗云．特种设备风险管理：RBS 的理论、方法与应用［M］．北京：中国标准出版社，2013．

［4］彭冬芝，郑霞忠．水电工程施工作业系统中的“四危”状态辨识与控制［J］．施工技术，2007，36(5)：70-72．

［5］杨晓华，李盛，曾朝文．浅谈水利水电施工企业的项目风险管理［J］．江西水利科技，2013，39(1)：71-74．

［6］黄曙东，张力．人因失误根本原因分析方法与应用［J］．人类工效学，2003，9(1)：31-34．

［7］任建斌，文杰．水电施工企业开展危险源辨识和风险评价工作的实践［J］．水利水电施工，2004（2）：94-96．

［8］全国安全生产标准化技术委员会．GB/T 3300—2016 企业安全生产标准化基本规范［S］．北京：中国标准出版社，2017．

［9］全国信息分类与编码标准化技术委员会．GB/T 13861—2022 生产过程危险和有害因素分类与代码［S］．北京：中国标准出版社，2022．

［10］全国风险管理标准化技术委员会．GB/T 23694—2013 风险管理　术语［S］．北京：中国标准出版社，2014．

［11］中华人民共和国劳动人事部．GB/T 6441—1986 企业职工伤亡事故分类［S］．北京：中国标准出版社，1986．

［12］全国风险管理标准化技术委员会．GB/T 24353—2022 风险管理　指南［S］．北京：中国标准出版社，2022．

［13］全国风险管理标准化技术委员会．GB/T 27921—2023 风险管理　风险评估技术［S］．北京：中国标准出版社，2023．

［14］中国标准化研究院．GB/T 45001—2020 职业健康安全管理体系要求及使用指南［S］．北京：中国标准出版社，2020．

［15］中国疾病预防控制中心职业卫生与中毒控制所．GBZ/T 298—2017 工作场所化学有害因素职业健康风险评估技术导则［S］．北京：中国标准出版社，2017．

［16］全国交通工程设施（公路）标准化技术委员会．GB/T 39001—2019 道路交通安全管理体系要求及使用指南［S］．北京：中国标准出版社，2019．

［17］国家能源局．DL 5027—2015 电力设备典型消防规程［S］．北京：中国电力出版社，2015．